Selbstständig nach Feierabend

Unternehmer werden, ohne zu kündigen

Constanze Elter

1. Auflage

HAUFE.

Inhalt

Vorwort

Der Traum vom eigenen Unternehmen – viele träumen ihn, haben aber zugleich Angst, den Sprung in die Selbstständigkeit zu wagen. Zu unsicher und zu riskant erscheint ihnen das Vorhaben. Als Unternehmer im Nebenberuf können Sie testen, ob die Selbstständigkeit etwas für Sie ist. Der Hauptjob bietet Netz und doppelten Boden und damit die Sicherheit, die Sie für einen erfolgreichen Start benötigen.

Mit diesem TaschenGuide finden Sie heraus, ob dieser Weg und die damit einhergehende Doppelbelastung das richtige für Sie sind. Er zeigt Ihnen, wie Sie mit geschickter professioneller Planung und einer großen Portion Kreativität ein zweites berufliches Standbein als Selbstständiger aufbauen können. Sie erfahren, welche rechtlichen Vorgaben Sie bei den Behörden und Ihrem derzeitigen Arbeitgeber beachten sollten. Zahlreiche Vorlagen und Beispiele unterstützen Sie, aus einer Idee oder einem Hobby ein gewinnbringendes, strukturiertes und zukunftsfähiges kleines Unternehmen zu machen.

Viel Erfolg dabei wünscht Ihnen

Constanze Elter

Für Nelly, die vielleicht das Schreiben irgendwann zu *ihrem* Beruf macht.

Nebenbei selbstständig: eine gute Idee?

Mehr Geld, mehr kreativer Freiraum oder einfach mehr Zeit für eine gute Idee: Die Motive, sich nebenberuflich selbstständig zu machen, können sehr unterschiedlich sein.

In diesem Kapitel erfahren Sie u. a.,

- warum sich Menschen für einen Nebenjob als Unternehmer entscheiden,
- welche Tätigkeiten sich dafür eignen,
- wie Sie herausfinden, ob die Selbstständigkeit auch etwas für Sie ist.

Gründe und Anlässe

Ich bin dann mal selbstständig ... Das sagen sich viele und bessern ihr Einkommen aus dem Hauptjob oder aus der Elternzeit auf. Auch für Rentner und Studierende ist die Nebenbei-Selbstständigkeit eine Option. Laut KfW-Gründungsmonitor 2016 haben sich fast doppelt so viele Menschen im Nebenerwerb selbstständig gemacht wie andere hauptberuflich ein Unternehmen gegründet haben.

Zwar sind es mit 479.000 Menschen um acht Prozentpunkte etwas weniger als im Vorjahr, aber auch hier zeigt der Vergleich mit den »echten« Start-ups, dass der Trend zur Nebenerwerbsgründung anhält. Und es gibt einige gute Gründe dafür: Viele wollen auf diese Weise zusätzliches Geld verdienen. Außerdem lassen sich bestimmte Geschäftsmodelle kostengünstig neben dem Angestelltendasein verwirklichen.

Das liebe Geld

Männer und Frauen nutzen den Nebenjob als Unternehmer, um sich zusätzliches Einkommen zu verschaffen – wobei die Motive laut einer Statistik des Bundeswirtschaftsministeriums unterschiedlich gelagert sind: Männer suchen eher nach einem einträglichen Hinzuverdienst, Frauen nach einer Alternative. Im Durchschnitt steuert die nebenberufliche Selbstständigkeit rund ein Viertel zum Gesamteinkommen bei. Trotzdem gilt: Wer unbedingt Geld verdienen muss, sollte sich möglicherweise eher nach einem Minijob umsehen. Denn die nebenberufliche Selbstständigkeit benötigt wie die hauptberufliche Existenzgründung eine finanzielle Anlaufphase – eine Erfolgsgarantie gibt es nicht.

Selbstständigkeit als Testballon

Nicht jeder will sofort auf volles Risiko gehen, wenn er eine gute Geschäftsidee hat oder wenn er sein Hobby zum Beruf machen möchte. Die nebenberufliche Existenzgründung ermöglicht Ihnen das Springen mit Netz: Klappt es, können Sie langfristig eine Perspektive als hauptberuflicher Unternehmer anpeilen. Und wenn es nicht so läuft, wie Sie es sich vorgestellt haben, bleibt immer noch der ursprüngliche Job.

BEISPIEL

Urs Meier ist Ingenieur und bei einem großen Turbinenhersteller beschäftigt. In seiner Freizeit tüftelt er gern und baut in seiner Werkstatt Modellflugzeuge. Er hat ein extrem leichtes Flugzeug für Kinder konzipiert, das trotzdem sehr robust ist. Am liebsten würde er sich mit dieser Idee selbstständig machen, weiß jedoch nicht, ob die Entwicklung des kleinen Flugzeugs allein ein Unternehmen tragen könnte. Er ist daher weiterhin angestellt tätig, baut aber einen Online-Shop auf, in dem er seine Flugzeuge anbietet. Auf diese Weise will er herausfinden, ob seine Idee gut ankommt.

Keine Zeit für Vollzeit

Je nachdem, aus welcher Situation Sie in die Selbstständigkeit starten, bleibt möglicherweise gar nicht genug Arbeitszeit, die Sie in Ihr Unternehmen stecken können. Wenn Sie beispielsweise für Kinder oder pflegebedürftige Angehörige sorgen müssen, kann die Selbstständigkeit eine Option sein, um alles unter einen Hut zu bringen. Im Gegensatz zum Angestelltendasein können Sie Ihre Zeit so besser und eigenständiger einteilen.

Das Institut für Mittelstandsökonomie an der Universität Trier hat herausgefunden, dass Nebenerwerbsgründer im ersten Jahr rund 18 Stunden pro Woche für den Nebenjob »Unternehmer« aufwenden. Aber Vorsicht: Wer sich aus der Existenzgründung light heraus etwas aufbauen will, muss mittelfristig mehr Zeit investieren – vor allem für Akquise und Marketing.

Typische Tätigkeiten für den Nebenerwerb

Nicht jede Branche und nicht jede Tätigkeit eignen sich für eine Gründung nebenbei. Nicht alles lässt sich nach dem offiziellen Feierabend, nach vielen Stunden Vorlesungen und Seminaren oder nach getaner Familienarbeit erledigen. Behalten Sie im Hinterkopf, dass Sie mehrere Verpflichtungen miteinander vereinbaren müssen – beispielsweise das Angestelltendasein und Ihren Nebenjob als Unternehmer oder Ihr Studium und die Existenzgründung.

Auf die folgenden Fragen sollten Sie gute Antworten haben, bevor Sie sich für eine Geschäftsidee erwärmen.

Fragen, die Sie sich stellen sollten
▪ Wann sollten Sie für Ihre Kunden erreichbar sein? ▪ Wann können Sie für Ihre Kunden erreichbar sein?
▪ Wie viel Zeit brauchen Sie, um Aufträge zu erledigen? ▪ Wie viel Zeit steht Ihnen tatsächlich zur Verfügung?
Ist direkter Kundenkontakt für Ihr Geschäftsmodell unerlässlich? Können Sie ihn zeitlich und räumlich gewährleisten?
Können Sie Ihre Dienstleistungen bzw. Produkte zeitlich flexibel anbieten oder sind Sie an Öffnungszeiten gebunden?
Gibt es weitere zeitliche oder örtliche Einschränkungen, die Sie berücksichtigen müssen?

Freiberufliche Tätigkeiten und unternehmensnahe Dienstleistungen werden überdurchschnittlich häufig im Nebenerwerb ausgeübt bzw. angeboten. Kreative und beratende Geschäftsmodelle lassen sich gut vom heimischen Schreibtisch aus in die unternehmerische Tat umsetzen, ebenso Dienstleistungen und Produkte rund um das Internet.

Dagegen ist eine Boutique oder ein Restaurant nur schwer neben einem Vollzeitjob zu führen. Wenn Sie sich in dieser Richtung selbstständig machen möchten, überlegen Sie, was sich möglicherweise nebenbei umsetzen lässt.

BEISPIEL

Angenommen, Sie interessieren sich für die Gastronomie-Branche. Ein Restaurant, eine Kneipe oder ein Café zu führen, ist ein anstrengender Fulltime-Job und kommt daher wahrscheinlich nicht für Ihre nebenberufliche Existenzgründung infrage. Ein Cateringservice für Feiern und Feste dagegen wird nicht täglich und zu festen Öffnungszeiten benötigt, Sie können sich im Internet vermarkten und Kundenanfragen nach Feierabend beantworten.

Bestimmte Berufe taugen aus rechtlichen Gründen nur eingeschränkt für den Nebenjob als Unternehmer. So müssen Sie im Handwerk die Vorgaben durch die Handwerksrolle beachten. Außerdem gibt es hier einige zulassungspflichtige Gewerbe: Wenn Sie sich ohne Meisterbrief in einem solchen Handwerksberuf selbstständig machen wollen, müssen Sie diverse Bewilligungen einholen – und sich möglicherweise noch qualifizieren.

Testen Sie sich: Ist die Selbstständigkeit etwas für Sie?

Eine Festanstellung beginnt zu einem konkreten Termin. Ab diesem Datum sind Sie verantwortlich für eine bestimmte Aufgabe oder einen Bereich, erhalten eine zuvor vereinbarte Geldsumme. Das tägliche Arbeitsleben nimmt seinen Lauf – um den Rest müssen Sie sich nicht kümmern. Selbstständig dagegen »ist« man nicht. Man muss es erst werden und sein eigenes Unternehmen in das richtige Fahrwasser bringen. Und dabei sind Sie für alles selbst zuständig: Positionierung, Kalkulation, Aufbau eines Kundenstamms, Werbung, Administration. Alles liegt in Ihrer Verantwortlichkeit und erfordert Ihre volle Aufmerksamkeit. Das gilt auch, wenn Sie »nur« nebenbei Unternehmer sind.

> Es gibt drei grundlegende Erfolgsfaktoren, die entscheidend sind für die Selbstständigkeit im Nebenberuf:
>
> 1. Organisationsfähigkeit
> 2. gutes Zeitmanagement
> 3. Flexibilität

Wenn Sie in die Selbstständigkeit starten, heißt es umdenken, denn die Arbeitsabläufe sind anders – und vielfältiger. Für die meisten stellt sich zunächst das Problem der Disziplin. Der Arbeitstag eines Angestellten hat eine festgelegte Stundenzahl: morgens kommt man, abends macht man die Tür zu, irgendwann dazwischen liegt die Mittagspause. Als Selbstständiger müssen Sie Ihren Arbeitsrhythmus selbst suchen. Das gilt vor allem, wenn Sie nebenberuflich Unternehmer sind. Selbstständige im Nebenjob müssen sich die Zeit zwischen ihren normalen Verpflichtungen und der Arbeitszeit gut aufteilen. Häufig stellen sie fest, dass ihnen gerade in der Startphase für Freizeitaktivitäten gar keine Zeit mehr bleibt und sie Freunde und Bekannte kaum noch zu Gesicht bekommen.

Anstrengend ist eine nebenberufliche Selbstständigkeit allemal. Aber sie kann auch zum Glücksfall werden: Eine Geschäftsidee zu entwickeln, einen Markt für diese zu finden und durch wertschätzende Kunden belohnt zu werden – das ist die Mühe wert.

Ihrer eigenen Kompetenz wegen und nicht »nur« aufgrund der Kompetenz Ihres Arbeitgebers für eine Aufgabe angefragt zu werden, schmeichelt dem Ego und gibt die kleinen Bestätigungen, die ein Selbstständiger manchmal bitter nötig hat. Nicht zuletzt: Wer sein eigenes Unternehmen wachsen und gedeihen sieht, wer selbst unmittelbar von den finanziellen Erfolgen seiner Arbeit profitiert, der ist motivierter, arbeitet sorgfältiger und ist oft mehr bei der Sache als manch ein Angestellter.

Wählen Sie die Selbstständigkeit, sollten Sie also gewappnet sein für:

- andere Arbeitsabläufe,
- disziplinierten Arbeitsrhythmus,
- eine straffe Zeiteinteilung,
- wenig Freizeit,
- familiäre Unstimmigkeiten/Probleme mit dem Partner,
- finanzielle Durststrecken.

Erste Orientierung

Sehen Sie sich die folgenden Aussagen genau an und überlegen Sie, welche auf Sie zutreffen, in welchen dieser Sätze Sie sich wiederfinden. Das gibt Ihnen einen ersten Anhaltspunkt, ob für Sie eine selbstständige Tätigkeit überhaupt in Betracht kommt.

Welche Aussagen treffen auf Sie zu?	
Selbstständig? Na klar!	
▪ Ich kann mir meine Zeit selbst einteilen.	
▪ Ich suche mir aus, mit welchen Auftraggebern ich zusammenarbeiten möchte.	
▪ Ich arbeite nur an den Projekten, die mir wirklich Spaß machen.	
▪ Selbstständig sein heißt unabhängig sein.	
Selbstständig? Nein danke!	
▪ Selbstständige leben ständig in finanzieller Unsicherheit.	
▪ Selbstständige werden nie angemessen für ihre Arbeit bezahlt.	
▪ Selbstständige müssen immer arbeiten.	
▪ Wer langfristig erfolgreich sein will, muss am Ball bleiben – Familie und Freunde bleiben auf der Strecke.	

Diese Aussagen sind natürlich zugespitzt. So müssen Sie sich etwa bei einer Teilzeit-Selbstständigkeit kaum Gedanken um finanzielle Risiken machen, wenn Sie durch eine Hauptbeschäftigung abgesichert sind. Das zusätzliche Einkommen aus Ihrem Nebenjob können Sie dann für Investitionen nutzen und sich ein wenig ausprobieren.

Die Pro- und Kontra-Liste

Um herauszufinden, ob Sie den Schritt in die Selbstständigkeit wagen sollten und bereit sind, sich für dafür ins Zeug zu legen, eignet sich auch eine Pro- und Kontra-Liste. Halten Sie darin fest, was für und was gegen die Existenzgründung spricht. Hier ein Beispiel für eine solche Übersicht.

Selbstständig machen oder nicht?	
Pro	**Kontra**
Ich kann mir meine Arbeitszeit freier einteilen.	Ich habe keine Kollegen, mit denen ich mich austauschen kann.
Ich kann von zuhause aus arbeiten. Damit spare ich Fahrtkosten und bin flexibler für meine Familie verfügbar.	Ich muss Arbeitsmaterialien vorfinanzieren und für einen neuen Computer einen Kredit aufnehmen.
Ich kann meine Kundenkontakte von meiner alten Arbeitsstelle nutzen.	Es gibt viel Konkurrenz: Eine Dienstleistung dieser Art wird häufig angeboten.

Sind Sie ein Unternehmertyp?

Ob man ein Unternehmertyp ist oder nicht, kann jeder nur für sich selbst beantworten. Eine Reihe einfacher Testfragen und eine ehrliche Stärken-Schwächen-Analyse können dabei helfen es herauszufinden. Neben der fachlichen Qualifikation sind Branchenerfahrung und kaufmännisches Know-how mehr als sinnvoll, kombiniert mit einer belastbaren Persönlichkeit sowie einem unterstützenden Umfeld. Tatsächlich ist nicht jeder für die Selbstständigkeit geeignet – manchmal kann es sinnvoller sein, seine kostbare Freizeit mit anderen Inhalten zu füllen.

Es gibt klare Indizien dafür, ob jemand ein Unternehmertyp ist. Gehören Sie auch dazu? Machen Sie den Test! Welche Aussage trifft zu? Markieren Sie sie mit einem Häkchen.

Test: Sind Sie ein Unternehmertyp?	
Ich ...	**Trifft zu**
kann mich gut motivieren.	
bin von mir und meiner Arbeit überzeugt.	
suche Hilfe, wenn ich ein Problem nicht selbst lösen kann.	
kann mich gut in andere hineinversetzen.	
kann klare Zielvorstellungen formulieren.	
kann schnell Entscheidungen fällen und umsetzen.	
bin risikobewusst.	
bin überdurchschnittlich engagiert und bereit, auch mal die »Extra-Meile« zu gehen.	
kann andere mit meinen Argumenten überzeugen und mit meinen Ideen begeistern.	
bin ehrgeizig und habe einen hohen Leistungswillen.	
bin hartnäckig.	
bin zuverlässig.	
kann mich und mein Umfeld gut organisieren.	
lerne gern.	
kann Kritik annehmen, ohne mich dadurch verunsichern zu lassen.	
verfüge über persönliche Kontakte, die ich für meine Selbstständigkeit nutzen kann.	
bin bereit, in den ersten Jahren überdurchschnittlich viel zu arbeiten – auch abends und am Wochenende.	
kann mich von Stresssituationen gut erholen.	
bin körperlich fit und achte darauf, dass ich es bleibe.	
kenne und respektiere meine Grenzen.	

Je mehr Trifft-zu-Häkchen Sie setzen konnten, umso besser! Schauen Sie sich besonders genau diejenigen Aussagen an, bei denen kein Häkchen steht:

- Handelt es sich um Eigenschaften, die Ihre Persönlichkeit betreffen? Können Sie an diesem Punkt arbeiten?
- Ist eine Fortbildung geeignet, die betreffende Kompetenz oder Fähigkeit auszubauen?
- Können Partner, Familie oder Freunde die Eigenschaft auffangen bzw. kompensieren?

Es ist schwierig, sich selbst offen und ehrlich einzuschätzen. Fragen Sie Ihren Partner oder Freunde, mit welchen drei positiven und drei negativen Adjektiven sie Sie beschreiben würden. Auch diese Eigenschaften geben erste Hinweise darauf, ob und wie Sie mit einer Selbstständigkeit zurechtkämen. Besonders wichtige Eigenschaften, die Sie mitbringen sollten, sind Ausdauer und Durchhaltevermögen. Sie sollten sich darauf einstellen, drei Jahre lang in Ihr Unternehmen zu investieren, viel von sich selbst zu fordern – und trotzdem den Spaß an der Sache nicht zu verlieren. Erst nach dieser Dreijahresgrenze »rechnet« sich die Selbstständigkeit in aller Regel.

Auf einen Blick: Nebenbei selbstständig – eine gute Idee?

- Die nebenberufliche Existenzgründung bietet sich an, wenn Sie sich zusätzliches Einkommen verschaffen, eine Geschäftsidee testen wollen oder nicht genug Zeit für eine hauptberufliche Selbstständigkeit haben.
- Kreative und beratende Geschäftsmodelle sind eher für den Nebenjob geeignet als Tätigkeiten mit festen Öffnungszeiten.
- Eine realistische Selbsteinschätzung klärt, ob die Selbstständigkeit das richtige für Sie ist.

Nicht ohne Plan

Auch wenn die Selbstständigkeit nur Ihr Nebenjob ist, sollten Sie professionell an deren Konzeption herangehen. Nur wer einen Plan hat, verliert nicht den Kopf, auch wenn es turbulent wird, und hat einen roten Faden, an dem er sich ausrichten kann.

In diesem Kapitel erfahren Sie u. a.,

- wie Sie sich selbst und den Markt analysieren,
- auf welche Weise Sie Ihr Alleinstellungsmerkmal finden,
- wie Sie einen Businessplan erstellen,
- welche Infos die Behörden von Ihnen brauchen.

Konzepte entwickeln – aber bitte mit Struktur

Sie interessieren sich für viele Tätigkeiten und sind sich nicht sicher, was Sie davon tatsächlich mit Ihrer Selbstständigkeit realisieren sollen? Es spricht nichts dagegen, Neues zu wagen. Weil aber letztlich nur Qualität überzeugt, beginnen Sie am besten in einem Bereich, in dem Sie bereits berufliche Erfahrungen gesammelt haben.

Am Anfang steht die Positionierung

Je planvoller Sie Ihre nebenberufliche Existenzgründung angehen, umso erfolgreicher werden Sie sein. Fangen Sie dazu am besten mit der Positionierung an. Sie legen Ihr eigenes Angebot (Welche Leistungen oder Produkte will ich anbieten?) und Ihre Zielgruppe (Für wen will ich es tun?) fest.

1. **Angebot definieren:** Wichtig ist, gleich zu Beginn bzw. am besten noch vor dem Start zu klären, was potenzielle Auftraggeber erwarten, was sie vielleicht von anderen nicht erhalten können – um sich so ein Alleinstellungsmerkmal am Markt aufzubauen.
2. **Wer könnten Ihre Kunden sein?** Wer weiß, was er dem Markt zu bieten hat, und sich spezialisiert, kann seinen Kundenkreis einfacher benennen und später dann mit geeigneten Marketingmaßnahmen wirksamer ansprechen. Dabei ist nicht nur wichtig, darauf zu achten, ob Sie die Kompetenz

besitzen, sich im Wettbewerb zu behaupten, sondern auch, wie stark dieser Markt bereits von anderen Selbstständigen erschlossen ist. Bei einer solchen Recherche stellt sich recht schnell heraus, wer die möglichen Kunden sein könnten.

3. **Die finanzielle Seite:** Wichtig ist, nicht nur seine Kunden zu finden und sie dann noch zu halten, sondern auch den eigenen Kapitalbedarf genau zu planen, die Honorare gut zu kalkulieren und gegebenenfalls über Fördergelder oder Kredite nachzudenken.

Zündende Ideen finden

Die Selbstständigkeit hat sich in Ihrem Kopf festgesetzt – ein positives Zeichen. Nun wollen Sie Ihr Geschäftsmodell präzisieren, einen Ansatz für Akquise finden oder Sie denken über Vermarktungsmöglichkeiten nach. Aber irgendwie kommen Sie nicht so recht voran. Was gäben Sie jetzt um eine pfiffige, ungewöhnliche, neue Idee, die Sie weiterbringt auf Ihrem Weg, Ihre Gedanken in die Tat umzusetzen.

Manchmal kann es hierfür schon helfen, die aktuelle Situation zu verlassen, beispielsweise vom Schreibtisch aufzustehen, in einen anderen Raum zu gehen oder einen Spaziergang zu machen. Einige Ideen entstehen plötzlich – unter der Dusche, beim Joggen oder in der U-Bahn. Halten Sie solche Eingebungen immer und in jedem Fall fest, selbst dann, wenn Sie sie nicht sofort gebrauchen oder umsetzen können. Schreiben Sie sie auf – in Ihren Kalender, auf ein Stück Papier in Ihrer Handtasche oder auf ein Memo in Ihrem Smartphone.

Wenn Sie aber auf einen solchen Ideenblitz aus heiterem Himmel nicht warten können, sollten Sie einige Kreativitätstechniken kennen. Diese helfen Ihnen nicht nur bei der Planung der Selbstständigkeit, sondern auch während des laufenden Geschäfts.

> Wie Sie Ihre eigene Kreativität fördern können, ist individuell verschieden. Wichtig ist, dass Sie jede Idee schriftlich festhalten. Verwerfen Sie keinen Gedanken, auch wenn er noch so abwegig erscheint. Unterwerfen Sie Ihre Kreativität keiner Selbstzensur.

Den Knoten im Kopf lösen

Wer auf gute Ideen kommen will, braucht ein kreatives Umfeld – eine Umgebung, die hilft, sich von festgefahrenen Denkmustern zu lösen und andere Perspektiven einzunehmen.

Schritt für Schritt zur guten Idee		
1.	Sorgen Sie für eine Atmosphäre, in der Sie sich wohlfühlen.	Kreativ zu sein funktioniert nicht zwischen Tür und Angel und auch nicht zwischen zwei Terminen. Wenn Sie sich einen Tag Auszeit gönnen, können Sie wesentlich entspannter zu kreativen Gedanken finden.
2.	Schaffen Sie eine Umgebung, die Ihre Kreativität beflügelt.	Der eine braucht einen Seminarraum mit Flipchart, die andere legt lieber die Füße hoch oder setzt sich in den Park. Beobachten Sie sich und versuchen Sie herauszufinden, wo Ihre Gedanken am besten »fließen«.

Schritt für Schritt zur guten Idee		
3.	Setzen Sie sich nicht unter Druck.	Auch wenn Sie sich einen Tag Auszeit genommen haben, heißt das noch lange nicht, dass Sie auf gute Ideen kommen. Druck und Kreativität sind zwei Aspekte, die sich eigentlich ausschließen. Merken Sie, dass Ihnen nicht danach ist, kreativ zu sein, und dass auch keine der Kreativitätstechniken hilft (siehe dazu das nächste Kapitel), tun Sie einfach etwas ganz anderes, um sich vom Druck zu befreien.

BEISPIEL

Arndt Jäger ist ein sehr strukturierter Mensch. Es fällt ihm leicht, neue Projekte zu organisieren und zu durchdenken. Wenn jedoch ein innovativer Ansatz gefordert ist, tut er sich schwer. Um seine Gedanken in Schwung zu bringen, nimmt er sich in solchen Situationen einige Blätter Papier und Buntstifte. Dann zeichnet er einfach drauflos, mal mit der rechten, mal mit der linken Hand: Formen, Muster, was immer ihm gerade einfällt. Um ein schönes Motiv oder ein perfektes Bild geht es ihm dabei nicht – die Bewegung lockert ihn innerlich auf.

Spielregeln der Kreativität

Beachten Sie die folgenden Spielregeln, fördert das Ihre Kreativität.

- Quantität geht vor Qualität: In der Ideenfindungsphase ist jede Idee erlaubt. Schreiben Sie jeden Gedanken auf, spinnen Sie daraus weitere Ideen. Manchmal ist es hilfreich, einfach mal Blödsinn zu machen oder ins Absurde zu denken. Bewerten Sie die Ideen in dieser Phase nicht. Bewertung schnürt

Kreativität ab. Sie lässt keine neuen Ideen zu, sondern setzt nur auf Bewährtes.

- Vermeiden Sie Ideen-Killer: Das klingt einfacher, als es ist. Versuchen Sie trotzdem, Einwände wie »Das gibt es schon«, »Das habe ich schon probiert«, oder: »Das ist zu einfach«, aus Ihrem Kopf zu streichen. Auch alle Sätze, die mit einer Verneinung anfangen, sollten Sie im Kreativitätsprozess außen vorlassen.
- Halten Sie sich an den formalen Rahmen: Wenden Sie Kreativitätstechniken an, sollten Sie sich an deren formale Struktur halten. Manche dieser Methoden mögen Ihnen auf den ersten Blick lächerlich erscheinen. Dahinter steckt jedoch ein bewährtes System: Sie versuchen, beide Hirnhälften zu aktivieren, was das innovative Denken und Querdenken fördert.

Kreativitätstechniken

Es gibt zahlreiche Kreativitätstechniken. Einige kennen Sie vielleicht schon aus Seminaren oder Workshops. Die folgenden Techniken stellen eine Auswahl besonders bewährter Methoden dar.

> Finden Sie für sich heraus, welche Kreativitätstechniken Ihnen am meisten liegen. Die eine Technik für jeden Fall gibt es nicht: Für unterschiedliche Probleme sollten Sie unterschiedliche Methoden anwenden.

Manche Techniken lassen sich allein anwenden, für andere brauchen Sie eine kleine Gruppe. Wenn Sie allein kreativ sein wollen, eignen sich beispielsweise Mindmapping, Cluster oder die ABC-Liste. Für andere Kreativitätstechniken, so z. B. die Provokationstechnik oder auch das klassische Brainstorming, benötigen Sie mehrere Mitspieler. Das ist vielleicht einerseits etwas aufwendiger, bringt aber andererseits frische Gedanken in Ihren Ideenfundus. Und neue, ungewöhnliche Ideen sind immer wertvoll, besonders, wenn Sie sich an das Feintuning Ihrer Selbstständigkeit machen wollen.

Mindmapping – die Gedankenkarte

Die Methode dient vor allem dazu, eine große Menge an Infos zu überblicken und zu sortieren. Die Technik kann aber auch helfen, Ordnungsprinzipien zu finden und Wichtiges von Unwichtigem zu trennen. Mindmaps bringen System in eine Fragestellung, lenken den Blick auf Zusammenhänge, offenbaren aber auch Informationslücken.

So wenden Sie die Technik an	
Mindmap	Sie nehmen sich ein großes Blatt Papier und schreiben den zentralen Begriff oder die Fragestellung in die Mitte. Rundherum notieren Sie nun sämtliche Assoziationen mit Bezugspfeilen. Schreiben Sie am besten in Druckbuchstaben, damit Sie das Blatt drehen und wenden können.
Fantasymap	Eine Variante der Mindmap: Hier schreiben Sie in die Mitte des Blattes folgenden Satz: »Was sind die fantastischen Eigenschaften der/des besten … (Dienstleistung/Unternehmen/Thema) der Welt?«

Cluster – knüpfe dein Netz

Wie das Mindmapping ist auch das Cluster eine assoziative Technik. Das Cluster eignet sich vor allem dazu, Ideen zu finden und Assoziationen zu bilden. Hier geht es, anders als beim Mindmapping, in erster Linie darum, ein Ideennetz zu knüpfen – und weniger um die Ordnung der Materie. Daher lässt sich ein Cluster gut als Stoffsammlung verwenden.

So wenden Sie die Technik an

Das Cluster beginnt mit dem Cluster-Kern: Ein einzelnes Wort oder eine Phrase wird auf der Mitte eines Blattes notiert. Darum wird ein Kreis gezogen. Davon ausgehend notieren Sie nun weitere Assoziationen. Umkreisen Sie jede Assoziation und verbinden Sie diese mit der vorangehenden. Wenn Sie eine neue Assoziationskette bilden wollen, fangen Sie bei einem neuen Cluster-Kern an. Wichtig: Notieren Sie jeden Einfall.

So leicht wie das ABC

Die ABC-Liste ist eine strukturierte Assoziationsmethode. Sie ähnelt ein wenig dem Spiel »Stadt – Land – Fluss«. Bei dieser Technik wird versucht, mit Beschränkungen Kreativität zu fördern.

So wenden Sie die Technik an

Notieren Sie auf einem Blatt in einer Tabelle untereinander alle Buchstaben von A bis Z. Assoziieren Sie dann der Reihe nach. Welches Wort fällt Ihnen zu dem Problem oder der Frage ein, das mit A beginnt? Welche Idee kommt Ihnen zu B, C etc.? Gehen Sie weiter so vor, bis Sie den Buchstaben Z erreicht haben. Füllen Sie die Liste zügig aus. Wenn Ihnen zu einem Buchstaben nichts einfällt, lassen Sie das Feld leer. Besonders interessant werden solche Listen, wenn Sie sie regelmäßig zum gleichen Thema ausfüllen und die Ergebnisse miteinander vergleichen.

Ich habe ein Foto für dich

Bei der sogenannten Bisoziation sollen Sie sich vom eigentlichen Thema lösen und Assoziationen aus einem zweiten Feld damit in Verbindung bringen. Als Hilfsmittel werden Fotos und Postkarten benötigt; die Art des Motivs ist nicht wichtig. Die Bilder sollen dazu anregen, eine neue Perspektive zu eröffnen. Damit finden Sie einen neuen Zugang zu Ihrem ursprünglichen Problem.

So wenden Sie die Technik an

Sammeln Sie Bilder. Sie finden Sie auf Postkarten, Fotos oder auf Zeitungsausschnitten. Das Motiv ist gleichgültig. Formulieren Sie Ihr Problem als Frage – und zwar möglichst konkret. Suchen Sie dann aus Ihrer Sammlung ein Bild aus, mit dem Sie über diese Frage nachdenken möchten. Folgen Sie Ihrer Intuition bei der Wahl des Bildes. Welche Lösungen sehen Sie in diesem Bild? Was sagt Ihnen das Foto? Sammeln Sie die Antworten und Einfälle und schreiben Sie diese unzensiert auf.

Schlag nach im Lexikon

Die Lexikon-Methode folgt dem gleichen Prinzip wie die Bisoziationstechnik. Mit klassischen Kreativitätstechniken, den Assoziationsmethoden, finden wir nicht immer neue Lösungen. Das liegt daran, dass wir uns nicht weit genug vom Problem entfernen und deswegen nur zu Antworten kommen, die naheliegen, jedoch nicht sehr kreativ sind. Um auf andere Gedanken zu kommen, setzt die Lexikon-Methode auf einen zufällig gefundenen sprachlichen Begriff.

So wenden Sie die Technik an

Sie benötigen für diese Methode ein Lexikon oder ein anderes Nachschlagewerk, zum Beispiel einen Katalog. Öffnen Sie das Buch an einer beliebigen Stelle und sehen Sie sich den Eintrag, der dort steht, aufmerksam an. Beziehen Sie einzelne Worte auf Ihr Problem und versuchen Sie, eine Verbindung zu Ihrer Frage herzustellen. Welche Aspekte davon sehen Sie nun in einem neuen Licht? Lassen sich Analogien herstellen? Je ungewöhnlicher die Verknüpfung ist, umso besser.

Flip-Flop-Technik: auf den Kopf gestellt

Bei der Flip-Flop-Technik, auch als Kopfstandmethode bezeichnet, werden die Probleme auf den Kopf gestellt. Damit sollen neue Ansichten und Zugänge zu einem Thema gefunden werden. Die Probleme werden ins Gegenteil umgekehrt – dadurch ergeben sich häufig amüsante Antworten, die ihrerseits ungewöhnliche Ideen hervorbringen. Auf diese Weise sollen bestehende Annahmen und Sichtweisen infrage gestellt werden.

So wenden Sie die Technik an

Definieren Sie die Ausgangssituation, also das Problem, das Sie beschäftigt – zum Beispiel: »Wie erreiche ich, dass möglichst viele Interessierte meinen Online-Shop besuchen?«. Kehren Sie dann diese Problemstellung um – »Wie erreiche ich, dass möglichst wenige Interessierte/keiner meinen Online-Shop besucht?«. Finden Sie Antworten auf die neue, auf den Kopf gestellte Frage. Zum Schluss drehen Sie die Antworten auf die paradoxe Frage wieder um, um eine Lösung für das Ursprungsproblem zu erhalten.

Provokationstechnik

Je mehr Sie etwas zuspitzen und möglicherweise übertreiben, umso wilder und damit kreativer werden auch die Assoziationen dazu. Dies hilft bei der Suche nach ungewöhnlichen Ideen.

So wenden Sie die Technik an

Finden Sie – am besten gemeinsam mit anderen – unterschiedliche provokante Aussagen zu Ihrem Thema. Damit sind Aussagen gemeint, bei denen Sie Annahmen aufheben, einen Idealfall darstellen, Sachverhalte umkehren oder übertreiben, mit Zufallsbegriffen arbeiten oder die Wahrheit verfälschen. Zum Beispiel: »Missachten Sie die Wünsche Ihrer Kunden«, oder: »Verringern Sie die Qualität Ihrer Dienstleistung«.

Sich selbst, den Markt und die Konkurrenz einschätzen

Gehen Sie von Anfang an mit Ihrer nebenberuflichen Existenzgründung so um, als müssten Sie damit Ihren Lebensunterhalt bestreiten. Denn nur, wenn Sie Ihren Nebenjob mit professioneller Einstellung betreiben, legen Sie ein solides Fundament, das Ihnen den gewünschten Erfolg beschert. Und vielleicht können Sie dann sogar langfristig von Ihrer Selbstständigkeit leben.

Die Stärken-Schwächen-Analyse

Zuerst benötigen Sie eine realistische Selbsteinschätzung – schließlich sollen Ihre Fähigkeiten und Kenntnisse das Fundament für die erfolgreiche Unternehmung legen.

Ein guter Einstieg, um Ihre Kompetenzen und Ihre Arbeitsweise zu beurteilen, ist die Stärken-Schwächen-Analyse, auch SWOT-Analyse genannt. Sie bewerten damit Ihre individuellen Stärken und Schwächen und werfen zugleich einen kritischen Blick auf den Markt.

Das Modell ist aufgeteilt in eine interne und eine externe Analyse.

- Der SW-Teil (S steht für Strength, also für Stärke, und W steht für Weakness, also für Schwäche) befasst sich mit den internen Faktoren, den Stärken und Schwächen des Unternehmens.

BEISPIEL

Typische Stärken bilden Ihre individuellen Fähigkeiten und Ressourcen, also unter anderem Ihre finanziellen Möglichkeiten, Ihre Beziehungen zu Kunden, die Qualität interner Prozesse oder auch Ihre Netzwerke.

- Der OT-Teil der SWOT-Analyse (O steht für Opportunities, also für Möglichkeiten, T für Threats, also für Bedrohungen bzw. Risiken) identifiziert die externen Chancen und Risiken, die sich für das Unternehmen aus Trends und Veränderungen in seiner Umgebung ergeben. Solche Chancen und Risiken können Branchentrends, politische, technologische, kulturelle, demografische und wirtschaftliche Einflussfaktoren sein. Auf diese externen Faktoren in Ihrem unternehmerischen Umfeld haben Sie keinen Einfluss.

Trennen Sie bei der Analyse strikt zwischen externen und internen Faktoren.

Einen besseren Überblick über die Einflussfaktoren gewinnen Sie, wenn Sie Stärken, Schwächen, Chancen und Risiken in eine Matrix eintragen. Auf diese Weise können Sie für sich visualisieren, welche persönlichen Schwächen Ihnen auf Ihrem Markt hinderlich sein können – und welche Stärken Sie benötigen, um bestimmte Risiken dort auszuschalten.

> Verbinden Sie die interne und die externe Analyse mit Pfeilen. So können Sie Ihre individuellen Fähigkeiten und Defizite in Bezug zur Konkurrenz und zum Markt setzen.

Interne Faktoren	**Strength** (Stärke)	**Weakness** (Schwäche)
Externe Faktoren	**Opportunity** (Chance)	**Threat** (Risiko)

SWOT-Analyse

Die SWOT-Analyse liefert Ihnen zwar noch keine Antworten, ob Sie mit Ihrem kleinen Unternehmen Erfolg haben werden, bietet aber nützliche Informationen und Denkanstöße.

SWOT-Analyse: Hilft bei der Beantwortung folgender Fragen	
1.	Welche Stärken muss ich ausbauen und an welchen Schwächen muss ich arbeiten, um Chancen zu nutzen und Risiken zu minimieren?
2.	Passen meine bisherigen Stärken und Kernkompetenzen noch in die Welt von morgen?
3.	Können heutige Stärken morgen zu Schwächen werden, wenn ich sie nicht weiterentwickle?
4.	Wie kann ich im Hinblick auf die Chancen am besten meine Stärken ausnutzen?
5.	Wie kann ich auf Basis meiner spezifischen Kompetenzen auf externe Veränderungen besser reagieren als die Konkurrenz?
6.	Was kann ich besser als andere?
7.	Lassen sich daraus neue Kernkompetenzen bzw. Geschäftsfelder bzw. Serviceangebote ableiten?

Entscheidend ist, das Modell nicht nur als Anordnung interner und externer Faktoren oder als Checkliste anzusehen. Vielmehr sollten Sie die Matrix nutzen, um die wesentlichen Triebkräfte Ihres Unternehmens auszumachen. Führen Sie die SWOT-Analyse während der gesamten Anlaufphase weiter. Nur so erkennen Sie Fortschritte auf Ihrem Weg!

Der USP: Wie Sie das gewisse Etwas finden

Ihre Stärken und Schwächen kennen Sie jetzt. Nun gilt es, das Alleinstellungsmerkmal Ihres Unternehmens herauszufinden, also das, was Sie im Vergleich zur Konkurrenz einzigartig macht und Ihnen deswegen einen Wettbewerbsvorteil wverschaffen kann: Ihre Unique Selling Proposition, kurz USP.

Ihr Unternehmen – das sind vor allem Sie als Person. Werfen Sie daher einmal einen Blick auf den eigenen Lebenslauf: Was haben Sie an Abschlüssen, an Weiterbildungen, an Berufserfahrung vorzuweisen? Überlegen Sie genau, ob Sie an alles gedacht haben, was Sie als Fachkraft qualifiziert. Neben Ihrem Fachwissen, der beruflichen Erfahrung und Ihren sozialen Kompetenzen können das beispielsweise auch private beziehungsweise ehrenamtliche Engagements sein. Halten Sie alle Pluspunkte schriftlich fest, auch wenn sie auf den ersten Blick unwichtig erscheinen. Sortieren Sie das Aufgeschriebene im Anschluss daran nach den folgenden Kriterien:

- Was davon kann ich gut?
- Womit könnte ich Geld verdienen?
- Was geht mir leicht von der Hand?
- Was macht mir Spaß?

Haben Sie dabei einen Punkt gefunden, der besonders hervorsticht, können Sie ihn anhand der folgenden drei Leitfragen überprüfen, ob er für das »gewisse Etwas« taugt.

Leitfragen: Alleinstellungsmerkmal
Was unterscheidet mich von der Konkurrenz?
Was kann ich besser, was mache ich anders als die anderen?
Warum sollte der Kunde mir den Auftrag geben, und zwar unabhängig vom Preis?

Denken Sie bei den Antworten auf diese Fragen auch mal quer. Natürlich spielt die Fachkompetenz in einem bestimmten Bereich oder die langjährige Berufserfahrung eine entscheidende Rolle, ebenso mögliche zusätzliche Aus- und Fortbildungen. Aber auch andere Punkte können bei der Entwicklung Ihres Alleinstellungsmerkmals interessant sein, zum Beispiel die Kunst, Kunden freundlich zu betreuen, eine hochwertige technische Ausstattung oder ein großes Netzwerk von Experten und Dienstleistern, auf das Sie bauen können.

Wechseln Sie dabei die Perspektive und denken Sie aus Kundensicht: Der Kunde hat ein bestimmtes Problem, das Sie mit Ihrem Geschäftsmodell lösen wollen. Fragen Sie sich stets, ob Ihr Alleinstellungsmerkmal tatsächlich für Ihre Kundenzielgruppe einen Nutzen hat – ob Ihr »einzigartiges Verkaufsversprechen« beim Kunden ankommt und für ihn attraktiv ist. Achten Sie darauf, dass Sie sich nicht in Werbesprechblasen verlieren, und halten Sie die inhaltliche Substanz im Blick.

Wer gegen wen? Die Wettbewerbsanalyse

Sie kennen nun Ihre Stärken und Schwächen und Sie haben Ihr Alleinstellungsmerkmal herausgearbeitet. Nun geht es um den Markt und die Konkurrenz, mit denen Sie es zu tun haben. Um einen Überblick über den Markt zu bekommen, auf dem Sie sich bewegen, sollten Sie sich im ersten Schritt Ihre Wettbewerber genau ansehen – am besten mithilfe Ihrer Produkt- oder Leistungspalette und natürlich mit Blick auf Ihren eigenen USP.

Klären Sie für sich, wer eigentlich zu Ihren Wettbewerbern gehört. Überprüfen Sie, welche Anbieter ähnliche oder gleiche Leistungen offerieren wie Sie. Wenn Sie nicht so genau wissen, wie Sie Ihre Konkurrenz finden, machen Sie es einfach, wie Ihre Kunden es tun würden. Wenn Sie als Ihr potenzieller Kunde auf der Suche nach einem Anbieter wären: Wo könnten Sie sich Rat holen? Auf welche Ressourcen würden Sie zugreifen?

Nutzen Sie das Internet. Geben Sie entsprechende Kombinationen von Schlüsselbegriffen aus dem Alleinstellungsmerkmal in Suchmaschinen ein. Wenn Sie darüber hinaus noch andere Beschränkungen – etwa die Region oder spezielle Angebote – bei Ihrer Suche nutzen, bekommen Sie schon ein recht genaues Bild über Ihre Konkurrenz. Fragen Sie auch bei Verbänden Ihrer Branche nach. Sie verfügen häufig über nützliche Statistiken.

Ohne geht es nicht: der Businessplan

Auch wenn Sie sich nur nebenberuflich selbstständig machen: Ein Businessplan muss sein. Denn dieser hilft Ihnen einzuschätzen, ob Ihre Idee Erfolg verspricht oder nicht. Setzen Sie darüber hinaus auf die Draufsicht von außen: Fragen Sie Freunde und Bekannte, ob sie Ihnen ein Feedback zu den im Plan schriftlich niedergelegten Ideen geben.

Haben Sie einen Plan?

Viele Gründer – ob neben- oder hauptberuflich – haben ihr Konzept vor allem im Kopf. Einen schriftlichen Businessplan erarbeiten die meisten nur dann, wenn es unbedingt nötig ist, so zum Beispiel, weil die Agentur für Arbeit es verlangt, um einen Zuschuss zu bewilligen, oder die Bank ihn einfordert, um den Kredit für das Vorhaben zu prüfen. Ein schriftlicher Businessplan ist aber auch sinnvoll für die eigene Planung. Er hilft, sich über sein Gründungsvorhaben klar zu werden und sich Ziele zu setzen. Und er zwingt dazu, Preise zu kalkulieren, und durchzurechnen, wie viel Geld die Selbstständigkeit mindestens zum Leben abwerfen muss.

Der Businessplan setzt sich aus schriftlichen Ausführungen und einer exakten Kostenaufstellung zusammen.

- Im schriftlichen Teil schildern Sie Ihr Vorhaben, Ihre Marketingpläne, Ihre Kenntnisse und Kompetenzen.
- In der Kostenaufstellung halten Sie fest, welche Anlaufinvestitionen notwendig sind, wie hoch die laufenden Betriebsausgaben und Privatentnahmen ausfallen, wie Sie sich die kurz- und langfristige Finanzierung vorstellen und welcher Kapitalbedarf sich daraus ergibt.

Wie ein Businessplan aussehen sollte, hängt von der Branche ab. Entscheidend ist: Er muss den Leser vom Erfolg des Vorhabens überzeugen und Chancen und Risiken gleichermaßen aufzeigen. Sein Umfang ist dagegen variabel. Im Prinzip reichen einige Seiten für die Beschreibung des Vorhabens und für den Zahlenteil.

Mögliche Struktur eines Businessplans

In welcher Reihenfolge und Tiefe die einzelnen inhaltlichen Punkte abgearbeitet werden, bleibt ebenfalls jedem selbst überlassen. Wenn Sie den Businessplan einem Kapitalgeber vorlegen, sollten außerdem ein Anhang mit Lebenslauf, Referenzen und gegebenenfalls erste Aufträge beigefügt sein.

So könnte die Struktur Ihres Businessplans aussehen
Zusammenfassung: ▪ Überblick über die Geschäftsidee ▪ Kompetenzen ▪ Wesentliche Erfolgs- und Risikofaktoren
Formalia: ▪ Rechtsform ▪ Unternehmensstart ▪ Name des Unternehmens
Dienstleistung oder Produkt: ▪ »Das gewisse Etwas«, also das Alleinstellungsmerkmal ▪ Zweck des Vorhabens ▪ Die kurz- und langfristigen Unternehmensziele
Branche und Marktanalyse: ▪ Wer sind die möglichen Kunden? (grundsätzlich mehrere Kunden nennen) ▪ Referenzkunden namentlich erwähnen
Konkurrenz: ▪ Mitbewerber am Markt ▪ Stärken und Schwächen der Konkurrenz ▪ Standort und Begründung (etwa Vergleich mit dem Wettbewerb: kaum lokale Konkurrenz etc.)

So könnte die Struktur Ihres Businessplans aussehen
Marketing: ▪ Wie wollen Sie sich vermarkten? ▪ Wie sieht Ihre Preis- und Honorargestaltung aus? ▪ Wie wollen Sie für sich werben?
Chancen und Risiken: ▪ Realistische Einschätzung von Chancen und Risiken ▪ Schilderung, wie Sie auf künftige positive und negative Veränderungen reagieren ▪ Best-Case-Szenario/Worst-Case-Szenario ▪ Beruflicher und persönlicher Werdegang ▪ Welche Qualifikationen befähigen Sie, ein Unternehmen zu führen?
Sonstiges: ▪ Planen Sie, langfristig Mitarbeiter einzustellen? ▪ Räumlichkeiten, Geschäftsausstattung, Anschaffungen
Finanzen: ▪ Mit welchen Einnahmen rechnen Sie? ▪ Welche Ausgaben haben Sie? ▪ Was müssen Sie anschaffen? ▪ Was ist bereits vorhanden? ▪ Drei-Jahres-Plan, bezogen auf Einnahmen und Ausgaben ▪ Liquiditätsplan ▪ Kapitalbedarf ▪ Reserve für die ersten Monate
Anhang: ▪ Lebenslauf ▪ Aktuelle Zeugnisse und Referenzen ▪ Unternehmerische Fortbildungsnachweise ▪ Bereits abgeschlossene Verträge, etwa Leasingverträge ▪ Marktanalysen, zum Beispiel von Verbänden

Versuchen Sie, Ihren Businessplan möglichst professionell anzugehen, auch wenn er zunächst nur für Sie gedacht ist. Der Businessplan sollte von Anfang an so gestaltet sein, dass er andere anspricht. Denn letztlich müssen Sie auch Ihre Kunden von Ihrer Geschäftsidee überzeugen, und das geht nur, wenn Sie vorher bereits alles genau durchdacht und geplant haben. Zudem stellen Sie damit sicher, dass Sie später überprüfen können, ob Sie auf dem richtigen Weg sind. Im besten Fall checken Sie im Jahresrhythmus, wie weit Sie Ihr Businessplan getragen hat.

Seien Sie vorsichtig beim Nutzen fremder Businesspläne oder von Vorlagen aus dem Internet. Das eigene Konzept sollte Ihre Gründerpersönlichkeit widerspiegeln – und das kann nur Ihr eigener, individueller Businessplan.

(K)ein bisschen bürokratisch: Finanzamt und andere Behörden

Vor dem Finanzamt sind alle Selbstständigen gleich – ob Sie hauptberuflich oder nur nebenbei Gewinn erwirtschaften, ist der Behörde egal. Sobald Sie sich für den Nebenjob als Unternehmer entscheiden, müssen Sie es dem Finanzamt mitteilen.

- Bei Gewerbetreibenden läuft dies automatisch über den Antrag auf einen Gewerbeschein. Auf diese Weise erfährt auch die Finanzverwaltung von Ihrem neuen Nebenjob. Den Gewerbeschein beantragen Sie entweder im Rathaus oder – falls Ihre Gemeinde das anbietet – direkt online. Die Kosten für die Anmeldung unterscheiden sich in den einzelnen Kommunen, liegen aber im Schnitt bei rund 30 Euro.

- Freiberufler kontaktieren direkt das Finanzamt – telefonisch oder schriftlich, und zwar innerhalb eines Monats nach Aufnahme der freiberuflichen Tätigkeit. Damit wird Ihr Unternehmen beim Finanzamt registriert und Sie erhalten eine Steuernummer.

Freiberufler

Der Freiberufler-Status bringt einige Vorteile mit sich: Sie sind nicht gewerbesteuerpflichtig und die Pflichtmitgliedschaft in IHK oder Handwerkskammer fällt weg. Auch das Steuerrecht bietet Pluspunkte für Freiberufler. Aussuchen können Sie sich diesen Status aber nicht. Ausdrücklich als Freiberufler eingestuft werden im Einkommensteuergesetz selbstständige

- Ärzte, Zahnärzte, Tierärzte, Heilpraktiker, Dentisten, Krankengymnasten,
- Rechtsanwälte, Notare, Patentanwälte, Wirtschaftsprüfer, Steuerberater, beratende Volks- und Betriebswirte, vereidigte Buchprüfer, Steuerbevollmächtigte,
- Vermessungsingenieure, Ingenieure, Architekten, Handelschemiker, Lotsen,
- Journalisten, Bildberichterstatter, Dolmetscher, Übersetzer.

Aber auch diejenigen, deren Tätigkeitsfeld nicht in diesen sogenannten Katalogberufen benannt ist, können Freiberufler sein, und zwar dann, wenn ihre Arbeit der eines Katalogberufs ähnlich ist. Freiberufler können laut Gesetz außerdem wissenschaftlich, künstlerisch, schriftstellerisch, unterrichtend oder erzieherisch tätig sein.

Gewerbetreibende

Bei Gewerbetreibenden meldet sich das Finanzamt automatisch nach der Gewerbeanmeldung. Auch andere Stellen erfahren auf diese Weise von Ihrer nebenberuflichen Selbstständigkeit, unter anderem:

- die zuständige Kammer,
- die Bundesagentur für Arbeit,
- die Berufsgenossenschaft,
- das Statistische Landesamt.

Wenn Sie ein Gewerbe angemeldet haben, werden Sie automatisch Pflichtmitglied in einer Kammer – je nachdem, in welcher Branche Sie zuhause sind, in der Industrie- und Handelskammer oder aber in der Handwerkskammer. In den ersten Jahren zahlen Sie in der Regel keinen oder einen ermäßigten Beitrag.

Einige Berufe im Handwerk sind an den »Großen Befähigungsnachweis« geknüpft. Um sich hier nebenbei selbstständig zu machen, müssen Sie Meister in Ihrem Fach sein. Zu diesen zulassungspflichtigen Handwerksberufen gehören beispielsweise die Tätigkeiten als Elektrotechniker, Friseur oder auch Maler und Lackierer. In einigen zulassungspflichtigen Berufen genügt es jedoch, wenn Sie als Geselle mindestens sechs Jahre Berufserfahrung vorweisen können – vier Jahre davon in leitender Stellung. In der Praxis heißt das, dass Sie betriebswirtschaftliche, kaufmännische und rechtliche Aufgaben übernommen haben sollten.

Welche Gewerke zulassungspflichtig und welche zulassungsfrei sind, können Sie bei Ihrer Handwerkskammer erfragen oder online im Portal der Handwerkskammer nachschlagen.

Wenn Sie sich als Makler, in der Gesundheitsbranche oder im Gast- und Beherbergungsgewerbe nebenbei selbstständig machen, müssen Sie Genehmigungen und Nachweise vorlegen.

BEISPIEL

Um eine Konzession für eine Gaststätte zu erhalten, müssen Sie Ihre fachliche und persönliche Eignung nachweisen – etwa mit einem polizeilichen Führungszeugnis und einem Nachweis über die Gesundheitsbelehrung der Kammer.

Jeder Unternehmer ist darüber hinaus gesetzlich verpflichtet, sich bei der Berufsgenossenschaft anzumelden. Ob Sie haupt- oder nebenberuflich selbstständig sind, spielt dabei ebenso wenig eine Rolle wie die Frage, ob Sie Mitarbeiter beschäftigen. Welche Berufsgenossenschaft für Sie zuständig ist, finden Sie auf der Homepage der gesetzlichen Unfallversicherung (www.dguv.de).

Der Fragebogen zur steuerlichen Erfassung

Um Sie und Ihr Unternehmen in steuerlicher Hinsicht besser einzuschätzen, schickt Ihnen das Finanzamt einen Fragebogen zur steuerlichen Erfassung. Da sich aus Ihren Antworten direkte steuerliche Folgen ergeben, sollten Sie Ihre Angaben vorsichtig und ohne Selbstüberschätzung machen. Lassen Sie sich im Zweifelsfall von einem Fachmann, zum Beispiel von einem Steuerberater, dabei helfen.

Schritt für Schritt durch den »Fragebogen zur steuerlichen Erfassung«

Allgemeine Angaben zur Gründerperson

- Allgemeine Angaben zu Ihrer Person, zu Ihrem Ehepartner und vorhandenen Kindern
- Bankverbindung
- eventuell Kontaktdaten des Steuerberaters

Gewerbe oder Freiberufler?
Beschreiben Sie Ihre Tätigkeit hier so genau wie möglich.

Um wie viel geht es?

- Sämtliche voraussichtlichen Einkünfte
- Bei selbstständiger Tätigkeit zu erwartende Betriebsausgaben von Einnahmen abziehen
- Einkünfte und Steuerabzüge des Ehepartners angeben

Wie kommen Sie darauf?

- Gewinnermittlung angeben
- Wählen Sie als Existenzgründer die Einnahmen-Überschuss-Rechnung; sie ist einfacher zu handhaben in der Buchhaltung.

Umsatzsteuer: ja oder nein?

- Liegt der geschätzte Jahresumsatz der nebenberuflichen Selbstständigkeit nicht über 17.500 Euro, sollten Sie die Kleinunternehmerregelung nutzen. Das ist vor allem dann von Vorteil, wenn Sie Verbraucher als Kunden haben – für diese wird das Produkt oder die Dienstleistung dann ohne Mehrwertsteuer günstiger.
- Sie erheben als Kleinunternehmer keine Umsatzsteuer in Ihren Rechnungen und müssen keine Umsatzsteuer-Voranmeldungen abgeben.
- Auf die Kleinunternehmerregelung können Sie verzichten. Sie sind an diese Option allerdings fünf Jahre gebunden. Ein Verzicht kann sich lohnen, wenn Sie vor allem Unternehmen als Kunden haben und hohe Anfangsinvestitionen leisten müssen.

Schritt für Schritt durch den »Fragebogen zur steuerlichen Erfassung«

Gewinn: ja bitte!

- Voraussichtlichen Gewinn im Eröffnungsjahr schätzen. Achtung: Das dient als Grundlage für die vierteljährliche Einkommensteuer-Vorauszahlung!
- Vorauszahlungen nur dann, wenn die voraussichtlich zu zahlende Einkommensteuer im Kalenderjahr mindestens 400 Euro und mindestens 100 Euro im Quartal beträgt.

Wo wollen Sie arbeiten?

Ganz ohne Platz zum Arbeiten geht es nicht – auch wenn Sie erst einmal nur nebenberuflich selbstständig sind. Von zuhause aus zu arbeiten ist praktisch, aber nicht immer erlaubt. Sowohl die Nachbarn als auch der Vermieter können unter Umständen Probleme machen. Hier gilt folgende Faustformel: Solange Ihre selbstständige Tätigkeit von außen nicht durch Geräusche oder Gerüche bemerkbar ist oder Sie lediglich ein häusliches Arbeitszimmer nutzen, ist das Ganze unproblematisch. Anders ist es, wenn Ihre nebenberufliche Selbstständigkeit mit Außenwirkung verbunden ist. Schon ein Firmenschild an der Tür oder am Briefkasten kann auf eine solche Außenwirkung hindeuten. Und wenn Kunden und Lieferanten zu Ihnen kommen, wird es eng: Lauter Klavierunterricht, Auf und Ab im Treppenhaus oder blockierte Parkplätze durch Kundschaft können auf andere Anwohner störend wirken.

Sind Sie Mieter, sollten Sie sich mit Ihrem Vermieter über den geplanten Umfang der gewerblichen Nutzung abstimmen – und dies dann auch vertraglich festhalten. Wenn Sie Ihren Vermieter nicht informieren, riskieren Sie unter Umständen die fristlose Kündigung.

BEISPIEL

Frank Windemeyer ist gelernter Goldschmied, arbeitet aber zurzeit in einer Unternehmensberatung. Er möchte sich nach Feierabend wieder seiner kreativen Tätigkeit widmen und nebenberuflich Schmuckstücke anfertigen. Das Geld für eine Werkstatt will er aber zunächst noch nicht ausgeben. Also stattet er in seiner Wohnung einen Raum mit Werktisch, Zangen, Feilen und Nadeln aus. Rechtlich ist dies unproblematisch, da seine Goldschmiedearbeiten nicht nach außen in Erscheinung treten. Allerdings dürfte Windemeyer die gesamte Wohnung nicht in eine Werkstatt umfunktionieren – selbst wenn diese nach außen nicht erkennbar ist.

Nicht nur der Vermieter kann Ärger machen. Auch baurechtliche Vorgaben der Stadt untersagen beispielsweise in reinen Wohngebieten Tätigkeiten, von denen eine Störung ausgehen kann. Hier ist es wichtig, sich mit der jeweiligen Baunutzungsverordnung vertraut zu machen. In einem allgemeinen Wohngebiet ist die teilgewerbliche Nutzung anmeldepflichtig. In einem reinen Wohngebiet ist jede Nutzung, die die Nachbarschaft stört, unzulässig. Dazu kommen in manchen Städten sogenannte Zweckentfremdungsverbote: Damit soll verhindert werden, dass Mietwohnungen zu Gewerbeflächen umfunktioniert werden. Auch hier müssen Sie eine geplante teilgewerbliche Nutzung genehmigen lassen.

Auf einen Blick: Nicht ohne Plan

- Die Stärken-Schwächen-Analyse beschreibt Ihre individuellen Fähigkeiten, Defizite und Ressourcen und verschafft Ihnen einen Überblick über den Markt.
- Was hebt Sie von der Konkurrenz ab? Was macht Sie einzigartig? Finden Sie dieses Alleinstellungsmerkmal, fällt Ihnen die Positionierung am Markt leichter.
- Ein schriftlicher Businessplan gibt Aufschluss darüber, wie tragfähig Ihre Geschäftsidee ist. Das ist nicht nur anderen gegenüber wichtig. Auch Sie selbst sollten genau wissen, ob und wie sich Ihr Unternehmen rechnet.
- Finanzamt und Gemeinde müssen über Ihren Nebenjob als Unternehmer informiert werden.

Nebenbei Unternehmer – trotzdem Profi

Wer sich selbstständig macht, möchte Gewinne erzielen, gleich, ob er sein Unternehmen hauptberuflich oder nur nebenbei betreibt. Doch die Kasse klingelt nicht automatisch – gute betriebswirtschaftliche Ergebnisse sind vor allem das Ergebnis einer guten Kalkulation und einer zielgerichteten Akquise.

In diesem Kapitel erfahren Sie u. a.,

- wie Ihre Einnahmen nicht nur Ihre Ausgaben decken, sondern eine Gewinnmarge übriglassen,
- welche Wege Sie bei Ihrer Kundengewinnung einschlagen sollten,
- welche Kanäle Sie für Ihre Werbung nutzen können.

Mein Unternehmen, meine Kalkulation

Eine professionelle Kalkulation ist die Basis für Ihren Erfolg als Selbstständiger. Das gilt auch dann, wenn Sie sich nur nebenbei eine Existenz aufbauen wollen. Zum einen müssen die laufenden Kosten gedeckt sein und Investitionen finanziert werden. Zum anderen soll der Nebenjob auch etwas für Ihren Lebensunterhalt abwerfen. Vielleicht soll die nebenberufliche Selbstständigkeit Urlaube ermöglichen oder ein zusätzliches Polster für den Ruhestand schaffen. Vielleicht wollen Sie damit einen Versuchsballon für eine spätere hauptberufliche Selbstständigkeit starten – auch dann sollten Sie von Anfang an sorgfältig kalkulieren. Bedenken Sie bei der Kalkulation folgende Punkte.

Kunden kommen und gehen

Auch wenn Ihr Geschäft gut anläuft, passiert es immer wieder, dass Auftraggeber wechseln oder Kundenbeziehungen enden. Je nach Geschäftsmodell und Branche ist Fluktuation möglicherweise sogar Teil des Geschäfts. Dieses Risiko müssen Sie durch Kalkulation mit stabiler Marge abfedern. Ihre Rechnung muss also Luft nach oben lassen, damit Sie die laufenden Kosten in jedem Fall bestreiten können.

Selbstständig heißt ohne Netz

Als Angestellter sind Sie in der Sozialversicherung komplett abgesichert. Für Krankheit, Pflege und die Rente ist gesorgt.

Selbstständige müssen sich selbst darum kümmern – und dies in ihre Kalkulation einpreisen.

Wenn Sie neben einer Festanstellung selbstständig arbeiten, müssen Sie keine zusätzlichen Beiträge zur gesetzlichen Krankenversicherung zahlen. Das gilt aber nur dann, wenn der Umfang der Nebentätigkeit untergeordnet ist und die Arbeitszeit dafür sich auf nicht mehr als 18 Stunden pro Woche beläuft. Sind Sie bislang familienversichert, müssen Sie Gewinngrenzen beachten. Ihr Gesamteinkommen darf dann nicht mehr als ein Siebtel der monatlichen Bezugsgröße (2017: 2.975 Euro) betragen.

Rentenversicherungspflichtig sind Ihre Einkünfte aus selbstständiger Tätigkeit übrigens dann, wenn Sie ein zulassungspflichtiges Handwerk betreiben und Ihre monatlichen Nebeneinkünfte 450 Euro übersteigen.

Selbst und ständig muss nicht sein

Sie haben sich entschieden, mehr zu arbeiten als andere. Das bedeutet aber nicht, dass Sie nun weniger Urlaub machen sollten. Im Gegenteil: Freie Tage sind für Sie jetzt notwendiger als vorher, um den Akku wieder aufzuladen. Aber jeder freie Tag ist für den Selbstständigen ein Tag ohne Einkommen. Das gilt natürlich genauso für Krankheit oder Arbeitszeit, die Sie in Akquise oder Buchhaltung stecken müssen. Diese Zeit müssen Sie in Ihrer Kalkulation berücksichtigen, damit Sie sich Ferien und Erholung in jeder Hinsicht leisten können.

Preise kalkulieren

Wie Sie Ihre Preise kalkulieren, hängt von Ihrer Branche ab. Bei Dienstleistern genügt es, wenn Sie einen Stunden- und Tagessatz ermitteln. Auf dieser Basis können Sie auch Pauschalpreise berechnen. Wenn Sie Produkte herstellen oder anbieten, ist die Kalkulation etwas komplexer: Hier müssen Sie neben den üblichen Faktoren auch Rohstoffe, Wagniskosten für Ladenhüter sowie Lagerkosten berücksichtigen.

Sie sollten sehr sorgfältig und vor allem realistisch kalkulieren. Wenn Sie sich auf Preise jenseits der eigenen Schmerzgrenze einlassen, werden Sie auf Dauer nicht von Ihren Aufträgen leben können. Nur weil Sie nebenberuflich selbstständig sind, heißt das nicht, dass das Geld ebenfalls Nebensache ist. Denn die eigene Arbeit muss sich im wahrsten Sinne des Wortes rechnen, damit am Ende des Monats genug übrigbleibt.

> Es ist immer schwieriger, die Preise zu erhöhen, als Kunden hier und da mal einen Rabatt einzuräumen.

Der Kassensturz

Verschaffen Sie sich ein genaues Bild über Ihre Kosten. Dazu gehören nicht nur die Ausgaben im betrieblichen Bereich, sondern auch das, was für den privaten Lebensunterhalt anfällt. Bei einer hauptberuflichen Selbstständigkeit muss alles – von der Miete bis zu den Lebensmitteln, von der Kinokarte bis zum Urlaub – von dem Einkommen bestritten werden, was Ihr Geschäft abwirft. Und auch für den Nebenjob Unternehmer gilt: Die Einnahmen müssen mindestens höher sein als sämtliche betriebliche Ausgaben.

Die betrieblichen Ausgaben

Die betrieblichen Ausgaben, die jeden Monat anfallen, müssen Sie zu Beginn schätzen.

Betriebliche Ausgaben – Beispiele
▪ Materialien
▪ Arbeitsmittel
▪ Bürobedarf
▪ Porto
▪ Telefon und Internet
▪ Domainkosten und andere Ausgaben für die Homepage
▪ Buchführungs- und Steuerberatungskosten
▪ Raumkosten
▪ Fremdleistungen
▪ Werbekosten
▪ Reisekosten
▪ Fortbildungskosten
▪ Fachzeitschriften und Bücher

Jährliche Ausgaben werden auf einen monatlichen Betrag umgerechnet.

Kalkulieren Sie immer mit kaufmännischer Vorsicht! Wenn Sie etwa keine Räume oder eine Werkstatt anmieten müssen, rechnen Sie das Arbeitszimmer zuhause mit ein. Auch Ausgaben, die nur sporadisch anfallen, sollten Sie kalkulatorisch regelmäßig berücksichtigen. Auf diese Weise entsteht im besten Fall ein kleines Polster für Rücklagen oder Investitionen. Behalten Sie auch im Blick, dass Sie möglicherweise Steuernachzahlungen leisten müssen.

So kalkulieren Sie vorsichtig
Addieren Sie zu allen Kosten 10 % hinzu. So sind Sie auf der sicheren Seite und kalkulieren nicht zu knapp.
Bilden Sie Rücklagen für Investitionen, zum Beispiel für einen Computer oder Drucker. So stellen Sie sicher, dass das Geld für diesen Fall wirklich vorhanden ist.
Lassen Sie in Ihrer Kalkulation Luft nach oben für Absicherung und Altersvorsorge. Mit einer vernünftigen Kalkulation, die eine gute Vorsorge mit einrechnet, erwirtschaften Sie erst die Honorare, die Ihnen diese Rücklagen möglich machen.

Die privaten Ausgaben

Zudem sollten Sie sich im Klaren darüber sein, wie viel Sie jeden Monat für den Lebensunterhalt aus dem eigenen Unternehmen »entnehmen« müssen. Diese Privatentnahmen dienen beispielsweise dazu, Lebensmittel zu kaufen oder den Kneipengang am Wochenende, die Wohnung und natürlich den Urlaub zu finanzieren. Wenn Sie kein Haushaltsbuch führen, können Sie die monatlichen Fixkosten sowie Barabhebungen an Ihren Kontoauszügen ablesen.

Als Nebenbei-Unternehmer können Sie nicht sofort Ihren ganzen Lebensunterhalt aus der Selbstständigkeit bestreiten. Möglicherweise wollen Sie das auch gar nicht. Ermitteln Sie daher die Zeit, die Sie in Ihr Unternehmen investieren wollen, und setzen Sie diese in ein Verhältnis zu Ihrer gesamten Arbeitszeit. Diesen Prozentsatz können Sie dann auf Ihre Privatentnahmen anwenden. So erfahren Sie, welchen Betrag Sie dafür monatlich zusätzlich zu den betrieblichen Kosten erwirtschaften müssen.

Die Gewinnmarge

Ihre Kalkulation richtet sich nach den Betriebsausgaben, den Rücklagen für Ihre Absicherung und Vorsorge sowie einem Anteil für den Lebensunterhalt. Die Summe dieser Kosten ergibt den Betrag, den Ihr Unternehmen im Monat mindestens erwirtschaften muss. Allerdings wollen Sie sicherlich nicht nur arbeiten, um Ihre Ausgaben zu decken. Über die individuelle Schmerzgrenze hinaus ist also eine Gewinnmarge notwendig. Dafür gibt es eine recht einfache Formel: Multiplizieren Sie Ihre Betriebsausgaben inklusive der Kosten für Absicherung und Vorsorge mit dem Faktor 3.

Betriebsausgaben (inklusive der Kosten für Absicherung und Vorsorge)	x 3	= Gewinnzuschlag

Auf diese Weise ergibt sich ein individuell angesetzter Gewinnzuschlag, mit dem ein Umsatzziel angepeilt werden kann, das Raum nach oben lässt.

BEISPIEL

Sven Wagner ist bei einem Studentenaustauschdienst angestellt und möchte sich nebenbei als Übersetzer selbstständig machen. Die Summe der monatlichen Betriebsausgaben für seine nebenberufliche Existenzgründung schätzt er auf 350 Euro. Für seine Absicherung möchte er 150 Euro pro Monat auf die Seite legen. Außerdem hat er errechnet, dass sein Übersetzungsdienst 300 Euro zum Lebensunterhalt beitragen soll. Das ergibt insgesamt 800 Euro monatliche Kosten, die durch die Selbstständigkeit erwirtschaftet werden müssen. Sven Wagner muss also jeden Monat mindestens 800 Euro Umsatz machen, um mit seinem Nebenjob nicht in die roten Zahlen zu geraten. Einen zusätzlichen Gewinn hat er auf diese Weise aber noch nicht gemacht. Wagner hat bereits privat fürs Alter vorgesorgt, möchte aber noch zusätzlich etwas ansparen. Dafür soll der Nebenjob 70 Euro monatlich abwerfen. Daher schlägt er auf seine Betriebsausgaben eine Gewinnmarge auf: Die Summe der Betriebsausgaben plus des zusätzlichen Polsters für die Absicherung, insgesamt also 420 Euro, nimmt er mal 3 und setzt sich damit ein monatliches Umsatzziel von 1.260 Euro.

Mit dem errechneten Umsatzziel lassen sich ganz leicht Preise für Stunden- und Tagessätze finden. Dafür müssen Sie das Umsatzziel in ein Verhältnis zu Ihrer durchschnittlichen Arbeitszeit setzen. Die Summe Ihrer Kosten geteilt durch Ihre monatlichen Arbeitsstunden ergibt den Satz für Ihre unterste Schmerzgrenze. Ihr monatliches Umsatzziel inklusive des Gewinnaufschlags geteilt durch Ihre monatlichen Arbeitsstunden ergibt den Stundensatz für Ihr Umsatzziel.

$$\frac{\text{Summe der Kosten}}{\text{monatliche Arbeitsstunden}} = \text{Stundensatz-Schmerzgrenze}$$

$$\frac{\text{Umsatzziel (inklusive Gewinnaufschlag)}}{\text{monatliche Arbeitsstunden}} = \text{Wunsch-Stundensatz}$$

Da Sie Ihre Arbeitszeit im Nebenjob zu Beginn nicht genau kennen, müssen Sie sie schätzen – am besten anhand der folgenden Leitfragen.

- Wie viel Arbeitszeit steht mir regelmäßig zur Verfügung?
- Auf welche zeitlichen Einschränkungen muss ich Rücksicht nehmen?
- Wie viel Zeit möchte ich in meine Selbstständigkeit investieren?
- An welchen Tagen möchte ich nicht arbeiten?

Die Antworten auf diese Fragen liefern Ihnen Anhaltspunkte für Ihre individuelle Arbeitszeit. Vergessen Sie nicht, Puffer für Krankheit oder andere unvorhergesehene Ereignisse einzuplanen. Und ganz wichtig: Die eigenen Preise sollen es ermöglichen, an manchen Tagen »unproduktiv« zu sein, sprich: Administratives zu erledigen oder Akquise zu betreiben. Das bedeutet, dass Sie in der Kalkulation nicht davon ausgehen können, dass Sie 100 % Ihrer Arbeitszeit bezahlt bekommen.

Mithilfe von Arbeitszeit, Stundensatz und gegebenenfalls Materialkosten können Sie nun Ihre Aufträge kalkulieren.

> Gleichen Sie Wunschdenken und Realität hin und wieder ab. Gewöhnen Sie sich an, Ihren Zeitaufwand – und bei Produkten zusätzlich die Ausgaben für Material – für jeden Auftrag aufzuschreiben. Nur so können Sie herausfinden, ob der kalkulierte Preis mit Ihrem tatsächlichen Verdienst übereinstimmt. Wenn Sie den Eindruck haben, dass Sie dauerhaft unter Preis arbeiten, justieren Sie nach.

Kunden, wo seid ihr?

Die Zahlen sind nun klar, die inhaltliche Richtung auch. Jetzt müssen die richtigen Kunden gefunden werden. Damit Sie für sich eine geeignete und tragfähige Akquisestrategie entwickeln können, sollten Sie folgende drei Fragen beantworten.

1. Wer sind meine (potenziellen) Kunden?
2. Wie kann und darf ich für mich werben?
3. Wie will und darf ich akquirieren?

Um Antworten zu finden, müssen Sie eine Zielgruppenanalyse betreiben. Was genau ist Ihre Zielgruppe – und wer gehört dazu? Zur Zielgruppe gehören all diejenigen, die als Kunden Ihres Produkts oder Ihrer Dienstleistung infrage kommen. Sie müssten ein ziemlich großes Netz spannen, um alle potenziellen Kunden einzufangen. Daher ist es sinnvoll, die Zielgruppe genauer zu definieren und die Akquise anschließend schrittweise anzugehen.

Wie Sie Ihre Zielgruppen identifizieren

Als Hilfsmittel empfiehlt sich ein Säulenmodell. Sie splitten damit Ihre Zielgruppe in mehrere Untergruppen auf, zum Beispiel in Verbraucher, Unternehmen, Behörden und andere Einrichtungen. Innerhalb dieser Säulen differenzieren Sie nun – beispielsweise bei den Privatverbrauchern nach Alter, Herkunft, Geschlecht und Interessen. Konzentrieren Sie sich bei Ihrer Akquise immer auf eine Säule und arbeiten Sie diese komplett ab. Widmen Sie sich dann der nächsten Säule.

Dokumentieren Sie außerdem Ihre Akquise. So wissen Sie nach einigen Monaten noch genau, wo und wen Sie bereits umworben haben.

BEISPIEL

Miriam Nelles ist Sozialpädagogin und Heilpraktikerin. Zurzeit ist sie in einer Klinik angestellt. Sie arbeitet dort in der Suchtberatung. Berufsbegleitend hat sie eine Weiterbildung in konzentrativer Bewegungstherapie absolviert. Diese Zusatzqualifikation kann sie in ihrer aktuellen Tätigkeit allerdings nur wenig nutzen. Daher beschließt die 45-Jährige, sich nebenbei als Heilpraktikerin selbstständig zu machen und überlegt, wem sie diese Therapieform alles anbieten kann. Sie entwickelt dafür drei Säulen: Die erste Säule besetzt sie mit Privatpatienten, die zweite mit Coaching und die dritte mit Seminaranbietern. Da sie schon einige Seminarkonzepte entwickelt hat, beginnt sie damit, die dritte Säule zu füllen. Zuerst recherchiert sie, welche Einrichtungen und Verbände im näheren Umkreis ähnliche Seminare im Programm haben. Dann unterteilt sie diese Anbieter in Untergruppen nach den verschiedenen Ausrichtungen und Trägern. Anschließend formuliert Nelles ein Akquiseschreiben inklusive ihrer Seminarkurzkonzepte. Sie beginnt mit den Anbietern, die ihr räumlich am nächsten sind und arbeitet die Liste Stück für Stück ab.

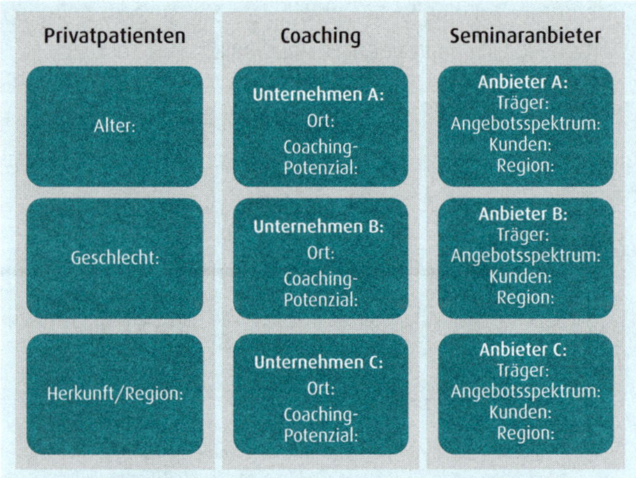

Säulenmodell

Analysieren Sie Ihre Zielgruppe sehr genau und finden Sie heraus, wen Sie eigentlich ansprechen. Mit dem folgenden Leitfaden finden Sie Schritt für Schritt die richtige Zielgruppe.

Schritt für Schritt zu Ihrer Zielgruppe	
1.	Welche Probleme lösen Sie für Ihre Kunden?
2.	Wie alt sind Ihre Kunden?
3.	Welches Einkommen haben sie?
4.	Handelt es sich um Fachleute (auf Ihrem Gebiet) oder Laien?
5.	Setzen sie auf hohe Qualität oder ein bestimmtes Image?
6.	Wo und wie informieren sich Ihre Kunden?
7.	Was ist den Kunden wichtig?
8.	Was lehnen Ihre Kunden ab?

Schritt für Schritt zu Ihrer Zielgruppe	
9.	Spielen besondere Wertvorstellungen eine Rolle?
10.	Nach welchen Kriterien entscheiden sich Ihre Auftraggeber für oder gegen einen Dienstleister?

Ihre Zielgruppe ist lebendig und verändert sich laufend. Gewöhnen Sie sich deshalb an, Ihre Zielgruppe regelmäßig zu überprüfen.

Akquise-Strategie entwickeln

Sie kennen nun Ihre Zielgruppe. Jetzt sollten Sie herausfinden, wie Sie sie am besten ansprechen. Erarbeiten Sie dazu eine Akquise-Strategie. Das geschieht am besten anhand folgender Leitfragen:

- Was will ich anbieten?
- Wer könnte diese Leistung haben wollen?
- Wen davon will ich ansprechen und auf welche Weise?

Es hilft Ihnen, wenn Sie sich selbst in Ihre potenziellen Kunden hineinversetzen und überlegen, wie Sie gern angesprochen werden – und welche Argumente bei Ihnen für den Kauf eines bestimmten Produkts oder einer Dienstleistung den Ausschlag geben. Führen Sie sich daher die drei nächsten Auftraggeber vor Augen und ergänzen Sie die folgende Tabelle.

Meine potenziellen Kunden
So sehen sie aus:
Welches ihrer Probleme löst mein Angebot?
Die drei wichtigsten Gründe für sie, meine Dienstleistung/mein Produkt zu kaufen, lauten ...
Den drei nächsten Kunden verkaufe ich deshalb ...

Recherchieren Sie – wenn möglich – die Kontaktdaten der potenziellen Kunden und stellen Sie dann eine Prioritätenliste auf:

- Bei welchen Kunden wollen Sie zuerst akquirieren?
- Bis zu welchem Datum soll das Ganze erledigt sein?
- In welcher Form wollen Sie akquirieren?

Am besten erstellen Sie für jede Säule Ihrer Zielgruppe sofort diese Liste. Dann können Sie auswählen, welchen Teil der Zielgruppe Sie zuerst angehen und welchen anderen Teil Sie sich selbst als Hausaufgaben aufgeben.

Beachten Sie die rechtlichen Grenzen

Niemand mag unerwünschte Werbung. Deshalb gelten besonders für die Kaltakquise strenge Regeln – vor allem, wenn es sich um Verbraucher, also Privatpersonen, handelt. Wenn Sie Privatleuten unaufgefordert E-Mails zu Werbungszwecken mailen, SMS verschicken oder sie anrufen, gilt das als Belästigung und ist verboten. Sie riskieren dann teure Abmahnungen oder Unterlassungsklagen – nicht nur von den Betroffenen, sondern auch von Ihren Mitbewerbern. Sie dürfen nur dann per Mail, SMS oder Telefonanruf werben, wenn Sie *vorher* die Einwilligung des angeschriebenen Verbrauchers eingeholt haben und Ihre E-Mails in der Signatur ein vollständiges Impressum enthalten. Greifen Sie bei der Akquise zum Telefonhörer oder versenden Sie eine Werbe-SMS, dürfen Sie Ihre Rufnummer nicht unterdrücken.

> Die Signatur unter Ihren E-Mails ist Ihre elektronische Visitenkarte. Sie sollte aussagekräftig sein und alle Angaben für die schnelle Kontaktaufnahme enthalten: Telefonnummer, E-Mail-Adresse sowie den Link zur eigenen Homepage. Lenken Sie den Blick auf Ihre Signatur, indem Sie ab und zu etwas verändern, indem Sie z. B. auf ein neues Projekt, eine Veröffentlichung oder Ihren Facebook-Account hinweisen. Es ist durchaus erlaubt, hier etwas kreativer zu texten, damit die Neuigkeiten auffallen.

Wenn Sie einen möglichen Geschäftspartner anmailen oder anrufen, gelten etwas weniger strikte Anforderungen an die Einwilligung: Hier genügt die mutmaßliche Zustimmung. Aber auch in einem solchen Fall müssen Sie Ihre Kontaktdaten offenlegen.

Werbung per Post ist erlaubt, bei Unternehmenskunden jedoch nur an die berufliche Anschrift. Sie dürfen Werbung, beispielsweise Ihren neuen Flyer, an Adressen aus öffentlichen Verzeichnissen verschicken, ohne dass die Empfänger eingewilligt haben.

Werbung: Flyer, Homepage oder Social Media?

Ihre Zielgruppe entscheidet, welche Form der Werbung für Ihr Unternehmen am besten geeignet ist. Wie Ihre potenziellen Kunden über einen Kauf oder einen Auftrag entscheiden, haben Sie in der Zielgruppenanalyse herausgefunden. Nun gilt es, die passenden Werbemittel auszuwählen. Häufig ist es ein Mix aus mehreren Werbeformen.

Die Klassiker

Anzeigen und andere Formen der Mediawerbung zählen zu den traditionellen Werbemitteln. Allerdings sind sie nicht gerade billig und Sie müssen mit hohen Streuverlusten rechnen, wenn Sie einfach ins Blaue hinein in Zeitungen und Zeitschriften inserieren. Bei Dienstleistungen ist es zudem oft schwierig, ihre Komplexität auf die Kürze der Anzeige zu reduzieren.

Inserate

Wenn Sie Inserate schalten wollen, sollten Sie darauf achten, dass Sie

- die Anzeigen dort platzieren, wo Sie die Zielgruppe garantiert erreichen, und
- einen Anlass wählen, der die Zielgruppe aufhorchen lässt.

Wollen Sie ein Fachpublikum adressieren, müssen Sie sich darüber informieren, welche Fachzeitschriften Ihre potenzielle

Kundschaft liest. Wenn Sie im regionalen Bereich Kunden ansprechen möchten, ist der Lokalteil der Tageszeitung oder das Internetportal Ihrer Gemeinde der richtige Ort für ein Inserat.

Werbung auf dem Auto

Eine Variante der klassischen Anzeige ist die Autowerbung. Überlegen Sie, ob Ihre Zielgruppe im Stau hinter Ihnen stehen könnte – und ob Sie Ihr Auto als Werbefläche nutzen wollen. Die Klebefolien verbunden mit dem eigenen Logo sind inzwischen recht günstig zu haben.

Printmailing

Mit einem Printmailing, das Sie per Post verschicken, können Sie Ihr Angebot ganz konkret auf die Zielgruppe ausrichten. Achten Sie darauf, dass es nicht zur Wurfsendung wird: Grenzen Sie Ihre Zielgruppe stark ein und schreiben Sie pro Mailing nur an einen kleinen, ausgewählten Kreis. Kleine Geschenke verstärken die Botschaft Ihres Mailings. Ausgefallene Präsente finden Sie in zahlreichen Online-Shops. Wichtig ist, dass diese sowohl zu Ihrem Angebot als auch zum Mailing-Text passen.

> Bieten Sie bei jeder Art von Mailing Ihren potenziellen Neukunden die Möglichkeit zu reagieren – beispielsweise mit einer Antwortkarte oder einem Gutschein. Denken Sie auch daran: Ein einzelner Kontakt, ein einzelnes Mailing reichen meist nicht aus, um Aufmerksamkeit zu erregen. Mailings brauchen eine Wiederholung, um sich beim potenziellen Kunden festzusetzen.

Flyer und Imagebroschüre

Für einen Flyer müssen Sie sich Zeit nehmen. Überlegen Sie, ob ein solches Medium Ihre Zielgruppe trifft. Vorteil: Ihre möglichen Kunden halten etwas Greifbares in den Händen, auf das sie auch nach einiger Zeit noch zurückkommen können. Das Gleiche gilt für eine Imagebroschüre.

Messen und Fachveranstaltungen

Messen und Tagungen sind eine gute Gelegenheit, mit potenziellen Kunden ins Gespräch zu kommen. Ihre Zielgruppenanalyse verrät Ihnen, welche Veranstaltungen wichtig für Ihre Kundschaft sind. Da auf einigen Messen hauptsächlich Vertriebsmitarbeiter an den Ständen stehen, sollten Sie vorab klären, ob der richtige Ansprechpartner für Sie überhaupt vor Ort ist – und gegebenenfalls direkt einen Termin mit ihm ausmachen. Packen Sie Visitenkarten und Werbematerial ein und denken Sie daran, dass Sie viel laufen müssen: leichtes Gepäck und bequeme Schuhe sind die Devise bei einer Messe.

Verkaufsstand

Wenn Sie Produkte verkaufen, kann sich auch ein Verkaufsstand auf einem lokalen Handwerkermarkt lohnen. Behalten Sie aber die Kosten im Blick, gegebenenfalls rechnet es sich, mit anderen gemeinsam einen Stand zu betreiben. Sehen Sie einen solchen Verkaufsstand vor allem als Training in puncto Akquise – und nicht so sehr als Umsatzbringer.

Die Homepage

Auch wenn Sie »nur« nebenbei selbstständig sind: Ihr Unternehmen können und sollten Sie auch im Internet mit einer eigenen Homepage präsentieren. Denn dort werden Produkte und Dienstleistungen mittlerweile bevorzugt gesucht. Wer nicht im Web ist, wird als Unternehmer (fast) nicht wahrgenommen.

Die richtige Adresse im Netz

Die Domain, also die Bezeichnung hinter dem www, sollte einprägsam sein und direkt mit Ihrem Geschäft oder Ihrem Namen in Verbindung stehen. Versuchen Sie, auf umständliche Schreibweisen zu verzichten. Dienstleister sollten entweder den eigenen Namen oder ihren Namen in Kombination mit der Leistung als Domain wählen, so zum Beispiel www.ITServiceMueller.de. Das ist vielleicht nicht sonderlich originell, hat aber den Vorteil, dass Kunden es sich leichter merken können.

Logo und Layout

Ihre Geschäftsausstattung und Ihr Internetauftritt wirken professioneller, wenn Sie Ihrem Unternehmen ein einheitliches Erscheinungsbild und ein Logo geben. Das muss nicht immer teuer sein – auch ein Design-Student liefert gute Arbeit ab. Das Logo sollte einprägsam sein und sympathisch wirken. Es muss einen Bezug zum Unternehmen haben und es sollte so gestaltet sein, dass es sich einfach reproduzieren lässt. Ein ideales Logo sieht auch in der Schwarz-Weiß-Variante noch klar und gut aus. Setzen Sie auf lesbare Schriften – auch aus größerer

Entfernung. Achten Sie außerdem darauf, dass es in diversen Internetbrowsern sowie auf dem Smartphone gut lesbar und als Stempel einsetzbar ist.

Struktur und Navigation

Die Homepage sollte so angelegt sein, dass sie die potenziellen Auftraggeber anspricht, ihnen die gewünschten Informationen und eine schnelle Kontaktaufnahme bietet.

Mit folgender Checkliste können Sie überprüfen, ob Struktur und Navigation Ihres Internetauftritts in die richtige Richtung weisen.

Leitfaden: Homepage
Was will ich mit dem Internetauftritt erreichen?
Was ist wirklich wesentlich?
Spiegelt der Internetauftritt das Besondere meines Unternehmens, mein Alleinstellungsmerkmal, wider?
In welcher Situation befindet sich der Besucher meiner Homepage?
Welche Inhalte suchen potenzielle Auftraggeber?
Was brauchen sie, um sich für mein Angebot zu entscheiden?
Sind Menüführung und Texte auf die potenzielle Kundschaft und ihre Interessen zugeschnitten?
Wie sieht mein Auftritt im Vergleich zur Konkurrenz aus? Was fällt dort positiv oder negativ auf?
Hat der Besucher meiner Homepage jederzeit und überall die Möglichkeit Kontakt aufzunehmen?

Rechtliche Hürden

Wenn Sie im Internet präsent sind, müssen Sie bestimmte Informationspflichten einhalten. Dazu zählt vor allem die Impressumspflicht.

Nutzen Sie Ihre Homepage, Ihr Blog oder Ihren Facebook-Auftritt geschäftlich, müssen Sie ein Impressum angeben. Die Impressumspflicht trifft den »Dienstanbieter«. Damit sind Sie als Person beziehungsweise Ihr Unternehmen gemeint. Das Impressum muss leicht erkennbar und unmittelbar erreichbar sein. Das bedeutet, dass Nutzer mit maximal zwei Klicks auf Ihr Impressum kommen können. Leicht erkennbar heißt, dass das Wort »Impressum« genannt werden muss. Ein allgemeiner Begriff wie »Info« ist nicht ausreichend.

Ein Impressum muss Ihren Namen, Ihre Adresse und Ihre Kontaktdaten enthalten, außerdem gegebenenfalls die Berufshaftpflichtversicherung und deren räumlichen Geltungsbereich. Bei reglementierten Berufen sind die einschlägigen Berufsgesetze, Kammern und Aufsichtsbehörden zu nennen. Daneben müssen Sie die für die Website inhaltlich verantwortlichen Personen nennen.

> Mittlerweile gibt es im Internet zahlreiche Anwendungsprogramme, mit deren Hilfe Sie ein rechtssicheres Impressum erstellen können. Sie sind leicht zu finden, wenn Sie in Ihrer Suchmaschine »Impressum« und »Generator« eingeben.

Erheben und verarbeiten Sie mit externen Tools Daten der Nutzer, beispielsweise für Statistikzwecke, müssen Sie außerdem eine eigene Datenschutzerklärung für diese Maßnahmen vorweisen. Das heißt, dass Sie die Besucher Ihres Internetauftritts über Zweck, Art und Umfang der Datenverarbeitung sowie deren Rechte aufklären.

Online-Portale

Ob Basteln, Bauen oder Nähen: Wenn Sie Selbstgemachtes verkaufen wollen, bieten sich Online-Marktplätze wie DaWanda, Etsy und Co. an. Der eigene kostengünstige Online-Shop ist dort schnell erstellt: Sie registrieren sich und bezahlen für jedes eingestellte Produkt eine kleine Gebühr. Auch am Verkauf verdienen die Portale prozentual mit. Dafür müssen Sie sich nicht um den Aufbau einer eigenen Homepage oder gar eines eigenen Online-Shops kümmern.

Inzwischen mischen auch große Unternehmen wie Amazon auf dem Marktplatz der Selfmade-Produkte mit. Vergleichen Sie die Gebühren und den prozentualen Verkaufsanteil – hier sind die Unterschiede zum Teil erheblich. Selbstverständlich können Sie Ihre Produkte auch auf mehreren Portalen gleichzeitig einstellen. Den Vorteil der größeren Streuung bezahlen Sie aber möglicherweise mit insgesamt höheren Gebühren.

Soziale Medien

Zur Werbung im Internet eignet sich nicht nur die Homepage. Auch die sozialen Medien können Sie nutzen, um für Ihr Unternehmen indirekt Werbung zu betreiben. Blogs, Twitter, Instagram, Facebook und Co. sind ideale Plattformen, um

- Ihr Unternehmen und dessen Geschichte bekannter zu machen,
- Ihr Fachwissen oder Ihre Produkte zu vermarkten,
- Sie als Person authentischer zu machen,
- von virtueller Mundpropaganda zu profitieren und
- mit Ihren Kunden in Kontakt zu treten oder zu bleiben.

Twitter und Facebook sind soziale Medien, die sowohl ausschließlich beruflich als auch höchst privat genutzt werden können. Wie und ob Sie diese für Ihr Unternehmen einsetzen, hängt von Ihren persönlichen Vorlieben ab.

Wichtig ist, immer vor Augen zu haben, dass es sich um Kommunikationskanäle handelt, die bespielt werden müssen, damit Sie eine Wirkung erzielen. Der berufliche Effekt hängt also stark davon ab, wie intensiv Sie diese Medien nutzen. Nur einen Account zu haben, reicht nicht aus. Sie müssen ihn mit Leben füllen, damit er werbewirksam ist. Allerdings ist es nicht notwendig, dort ganze Artikel und Abhandlungen zu schreiben. Bereits mit kurzen Aussagen – von der eigenen Befindlichkeit über das Teilen interessanter Links bis hin zu Verweisen auf Blogbeiträge anderer – machen Sie sich hier viel greifbarer als in anderen elektronischen Medien. Damit Sie jedoch nicht angreifbar werden, sollten Sie sich zwar persönlich, aber nie privat äußern.

Präsenz zeigen in den sozialen Medien
Schreiben Sie originell und authentisch. So werden Sie wahrgenommen und andere werden Ihnen folgen.
Setzen Sie auf Regelmäßigkeit und seien Sie stets auf dem aktuellen Stand. Das hebt Sie von der Masse ab.
Die Zahl der Follower oder Likes allein ist nicht aussagekräftig. Wichtig ist, dass Sie Kontakte in Ihrer Zielgruppe finden und pflegen.
Setzen Sie auf Service und Information statt auf Werbung. Teilen Sie Nutzwert.
Suchen Sie selbst Kontakte in der Branche und kommen Sie ins Gespräch. Bringen Sie sich in Diskussionen ein.

Vor allem der Social-Media-Gigant Facebook stellt Unternehmen vor rechtliche Anforderungen, die sich in Teilen von anderen Arten der Vermarktung unterscheidet. Ein einfaches Profil genügt auf Facebook beispielsweise für Unternehmen nicht. Die unternehmerische Kommunikation über persönliche Profile verstößt gegen die Nutzungsbedingungen von Facebook. Facebook kann im Extremfall ein Unternehmensprofil löschen, wenn es nicht auf einer sogenannten Fanpage eingerichtet ist. Informieren Sie sich unbedingt über die Allgemeinen Geschäftsbedingungen, bevor Sie dort mit Ihrem Unternehmen online gehen.

Auf einen Blick: Nebenbei Unternehmer – trotzdem Profi

- Kalkulieren Sie von Anfang an sorgfältig – und so, dass Ihr Nebenjob etwas zum Lebensunterhalt beitragen kann.
- Fischen Sie nicht im Trüben, sondern definieren Sie klar Ihre Zielgruppe.
- Die Bandbreite der Werbemittel ist groß. Sie sollte passend zur Zielgruppe gewählt werden, damit sie die gewünschte Wirkung zeigt.
- Auch für den nebenberuflich Selbstständigen ist die Präsenz im Internet entscheidend. Wer nicht im Web vertreten ist, wird als Unternehmer kaum wahrgenommen.

»Darf ich das?« – rechtliche Hürden

Wer eine Selbstständigkeit plant, sollte seine Rechte kennen. Denn nicht alles, was gefällt, ist erlaubt, vor allem dann nicht, wenn andere ein Wörtchen mitzureden haben. Gegenwind kann beispielsweise vom Arbeitgeber kommen.

In diesem Kapitel erfahren Sie u. a.,

- welche Hürden im Arbeitsvertrag lauern können,
- was neben einer Festanstellung erlaubt ist und was nicht,
- wie Sie Ihre Rechte durchsetzen können.

Wie Sie Ärger mit Ihrem Arbeitgeber vermeiden

Wir alle können unseren Beruf und unser Betätigungsfeld frei wählen. Das ist sogar im Grundgesetz verankert und gilt auch, wenn Sie Ihr nebenberufliches Unternehmen zusätzlich zu einer Anstellung aufbauen wollen.

Trotz dieser Freiheit müssen Sie einige Punkte beachten, um nicht mit Ihrem Arbeitgeber in Konflikt zu geraten.

Auf diese Punkte sollten Sie achten	
1.	Lesen Sie sich Ihren bestehenden Arbeits- oder Dienstvertrag aufmerksam durch. Bisweilen sind in solchen Verträgen Einschränkungen enthalten, zum Beispiel das Verbot einer Nebentätigkeit. Existiert ein solches, sollten Sie von einem Rechtsanwalt prüfen lassen, ob es wirksam ist.
2.	Ihr Nebenjob als Unternehmer darf nicht gegen berechtigte Interessen des Arbeitgebers verstoßen. Beispielsweise dürfen Sie ihm mit Ihrer Nebentätigkeit nicht direkt Konkurrenz machen.
3.	Ihre Leistungsfähigkeit als Angestellter darf nicht durch Ihre nebenberufliche Selbstständigkeit beeinträchtigt werden – etwa dadurch, dass Sie Urlaubs- oder gar Krankheitstage für Ihren Nebenjob nutzen.

Muss der Chef von der Nebentätigkeit erfahren?

Gesetzlich sind Sie nicht verpflichtet, als Angestellter Ihren Chef über Ihren Nebenerwerb zu informieren. Ratsam ist es trotzdem, schon allein wegen des Betriebsklimas. Auch wenn Sie die gleiche Leistung einer ganz anderen Zielgruppe anbieten, sollten Sie im Vorfeld das klärende Gespräch mit Ihrem Arbeitgeber suchen.

Ist in Ihrem Arbeitsvertrag eine Pflicht zur Offenlegung von Nebentätigkeiten vorgesehen, sollten Sie Ihren Chef über den Zweitjob erst recht aufklären. In Verträgen sind häufig Klauseln enthalten, dass sämtliche Nebentätigkeiten unaufgefordert und bereits vor ihrer Aufnahme angezeigt werden müssen. Sollte in Ihrem Arbeitsvertrag ein solcher Passus stehen, müssen Sie sich daran halten. Denn dann will Ihr Arbeitgeber prüfen, ob Ihre Tätigkeit gegen seine berechtigten Interessen verstößt. Seine Zustimmung darf der Chef aber nicht grundlos verweigern.

BEISPIEL

Emma Gabers arbeitet als Redakteurin im Schichtdienst bei einem Radiosender. Nachdem sie diesen Job schon jahrelang macht, wünscht sie sich eine Abwechslung von der Routine. Als eine Fachzeitung bei ihr anklopft und ihr eine regelmäßige Kolumne anträgt, nimmt die 30-Jährige das als Anlass, über eine nebenberufliche Tätigkeit nachzudenken. Sie formuliert gemeinsam mit ihrem Chef eine Zusatzvereinbarung zum Arbeitsvertrag, in der die erlaubten Nebentätigkeiten und deren zeitlicher Umfang konkretisiert werden.

Beamte und Mitarbeiter des öffentlichen Dienstes müssen sich eine Nebentätigkeit immer genehmigen lassen. Nur bei Tätigkeiten als Dozent oder im künstlerischen, wissenschaftlichen und schriftstellerischen Bereich benötigen Sie keine Erlaubnis Ihres Dienstherrn.

Zu viel arbeiten ist unzulässig

Darüber hinaus darf die gesetzlich festgelegte Höchstarbeitszeit nicht überschritten werden. Diese liegt bei acht Stunden pro Tag, verteilt auf sechs Werktage – insgesamt also 48 Stunden pro Woche. Vorübergehend ist auch eine Arbeitszeit von zehn Stunden erlaubt. Nebenjob und Haupttätigkeit werden zusammengerechnet. Wenn Sie in Summe die gesetzlichen Vorgaben nicht einhalten können oder mögliche Ruhezeiten unterschreiten, bekommen Sie Probleme mit Ihrem Hauptarbeitgeber.

Konkurrenzverbot und Co.

Eng wird es, wenn Sie mit Ihrem eigenen Unternehmen in Konkurrenz zum Arbeitgeber treten. Dann kann Ihr Chef Ihnen den Nebenjob untersagen.

BEISPIEL

Sibille Marstaller ist in einem Kaufhaus als Verkäuferin in der Kosmetikabteilung angestellt. Für Verwandte und Freunde hat sie schon öfter Kleidungsstücke entworfen und genäht – diese haben sie ermutigt, daraus einen Nebenjob zu machen. Marstaller möchte ihr kreatives Talent nutzen, um Kunden Kleidungsstücke für besondere Anlässe zu schneidern. Sie spricht darüber mit ihrer Chefin – diese lehnt eine derartige Nebentätigkeit jedoch ab. Hintergrund: Im Kaufhaus wird auch Abendgarderobe verkauft.

Auch wenn Ihnen im Büro die Augen zufallen, weil Sie die halbe Nacht Taschen für Ihren Online-Shop genäht haben, kann sich Ihr Chef gegen den Nebenerwerb aussprechen.

Sie sollten außerdem Anstellung und Selbstständigkeit säuberlich trennen und während der vertraglich vereinbarten Arbeitszeit auch tatsächlich nur für Ihren Arbeitgeber arbeiten. Wenn Sie den Firmencomputer nutzen, um schnell in Ihre Mails zu schauen oder eine Bestellung für Ihr eigenes Geschäft abzuwickeln, kann das für Sie unangenehme Folgen haben.

Selbstständig und arbeitslos - geht das?

Auch wenn Sie staatliche Leistungen beziehen, zum Beispiel weil Sie arbeitslos sind, können Sie sich nebenher selbstständig machen. Allerdings müssen Sie hier einige Besonderheiten beachten. Beim nebenberuflichen Start aus der Arbeitslosigkeit sind dies die folgenden Aspekte.

Was Sie beim Start aus der Arbeitslosigkeit beachten sollten
Eine nebenberufliche Selbstständigkeit muss der zuständigen Agentur für Arbeit gemeldet werden.
Die Nebentätigkeit muss unter 15 Wochenstunden bleiben.
Für den Gewinn aus der Nebentätigkeit gibt es einen monatlichen Freibetrag von 165 Euro - alles darüber hinaus wird vom Arbeitslosengeld I abzogen.
Beim Arbeitslosengeld II wird eine monatliche Pauschale von 100 Euro berücksichtigt - vom darüberliegenden Einkommen ein geringer Prozentsatz (bis maximal 1.500 Euro).
Nur solange Sie Arbeitslosengeld beziehen, sind Sie über die Arbeitsagentur kranken- und pflegeversichert.

Nebenerwerb in der Elternzeit

Wenn Sie sich gerade in Elternzeit befinden und kleine Kinder erziehen, können Sie in dieser Phase trotzdem eine Berufstätigkeit aufnehmen. Arbeitnehmer in Elternzeit dürfen teilzeitbeschäftigt sein, solange ihre durchschnittliche Wochenarbeitszeit 30 Stunden nicht überschreitet. Das muss nicht unbedingt beim ursprünglichen Arbeitgeber sein; Sie können auch in einem anderen Unternehmen anfangen oder sich selbstständig machen. Auch während der Elternzeit dürfen Sie also nebenbei eine Existenz gründen. Sofern die Kinder es zulassen, kann man die Elternzeit hervorragend dazu nutzen, sich als Unternehmer auszuprobieren.

Planen Sie, sich in dieser Zeit mit Ihrem kleinen Unternehmen selbstständig zu machen, sollten Sie dafür vorab die schriftliche Zustimmung Ihres Arbeitgebers einholen. Ihr Chef kann seine Zustimmung dazu jedoch nur aus dringenden betrieblichen Gründen verweigern. Solche Gründe liegen beispielsweise nur vor, wenn sich konkrete Anhaltspunkte dafür ergeben, dass Sie durch Ihre Selbstständigkeit Betriebs- und Geschäftsgeheimnisse verletzen oder Ihrem Arbeitgeber anderen erheblichen Schaden zufügen könnten. Legt der Arbeitgeber sein Veto ein, muss er das schriftlich und innerhalb von vier Wochen nach Ihrem Antrag tun. Tut er das nicht, gilt der Antrag als genehmigt.

Die Teilzeitvereinbarung läuft zum Ende der Elternzeit aus. Dann lebt Ihr alter Job in seiner bisherigen Form wieder auf. Sie erhalten sich so erst einmal Ihre Vollzeitstelle.

Wenn Sie Elterngeld beziehen, müssen Sie den Nebenjob der Elterngeldstelle melden. Ihr Gewinn wird auf das Elterngeld angerechnet – das Mindestelterngeld von 300 Euro bekommen Sie aber immer. Auch die Krankenkasse sollten Sie über die Nebentätigkeit informieren.

Teilzeit: mehr Stunden für den Nebenjob

Zwei Jobs parallel zu haben, ist eine große Belastung. Stellen Sie fest, dass Sie ihr auf Dauer nicht gewachsen sind oder Ihre Selbstständigkeit mehr und mehr Zeit beansprucht, sollten Sie überlegen, ob Sie Ihre Vollzeitstelle zum Teilzeitjob machen. Das hat den Vorteil, dass Sie nicht komplett auf Ihr Gehalt verzichten müssen, aber mehr Zeit für Ihre Selbstständigkeit haben.

Den Antrag auf Teilzeit müssen Sie drei Monate vor der gewünschten Reduzierung bei Ihrem Arbeitgeber stellen. Das folgende Musterschreiben zeigt, wie ein Antrag auf Teilzeitarbeit aussehen kann.

(Datum)

An die Personalabteilung

Sehr geehrte Damen und Herren,

vom ... (genaues Datum) an möchte ich bei Ihnen eine Teilzeitbeschäftigung im Umfang von ... Wochenstunden ausüben.

Meine wöchentliche Arbeitszeit bitte ich wie folgt zu verteilen:

- Montag: von ... Uhr bis ... Uhr,
- Dienstag: von ... Uhr bis ... Uhr,
- Mittwoch: von ... Uhr bis ... Uhr.

Ich freue mich auf Ihre schriftliche Bestätigung bis zum .... Sollten Sie Einwände gegen meine Arbeitszeitwünsche haben, stehe ich Ihnen gerne für ein klärendes Gespräch zur Verfügung.

Mit freundlichen Grüßen

(Unterschrift)

Ihr Arbeitgeber muss den Antrag bewilligen, wenn

- im Betrieb, in dem Sie arbeiten, in der Regel mehr als 15 Mitarbeiter beschäftigt sind,
- Ihr Arbeitsverhältnis länger als sechs Monate besteht,
- keine betrieblichen Gründe gegen die Teilzeit sprechen.

Lehnt Ihr Arbeitgeber Ihren Wunsch nach Teilzeit aus betrieblichen Gründen ab, muss er das sehr gut begründen und im Zweifel auch nachweisen können. In der Regel muss er hierzu ein Organisationskonzept vorlegen, aus dem ersichtlich ist, dass Teilzeit im konkreten Fall nicht möglich oder nur mit unverhältnismäßigem Aufwand zu organisieren ist. Kann er das nicht oder sind die Gründe, die er aufführt, nicht plausibel, ist seine Entscheidung vor dem Arbeitsgericht angreifbar.

Alternativ kann man Ihnen einen anderen teilzeitgeeigneten, gleichwertigen Arbeitsplatz im Betrieb zur Verfügung stellen. Auch dies muss aber organisatorisch möglich und für den Arbeitgeber zumutbar sein.

> Aussitzen darf Ihr Chef den Antrag nicht. Teilt er Ihnen seine Entscheidung nicht spätestens einen Monat vor dem Starttermin der gewünschten Teilzeitarbeit mit, so gilt Ihr Antrag als genehmigt.

Den Antrag auf Teilzeit sollten Sie sich sehr gut überlegen:

- Eine Reduzierung der Stundenanzahl hat ein reduziertes Gehalt zur Folge. Sie sollten also genau kalkulieren, ob Sie dieses Minus mit Ihrem Nebenerwerb dauerhaft ausgleichen können.
- In bestimmten Branchen entpuppt sich ein Teilzeitjob oft als Karrierebremse. Eine leitende Position ist in Teilzeit dort so gut wie nicht möglich. Auch das sollten Sie in Ihre Überlegungen miteinbeziehen.
- Denken Sie intensiv darüber nach, mit wie vielen Stunden Sie Ihr Arbeitsverhältnis fortführen wollen. Einen Antrag auf neuerliche Verringerung können Sie dann erst in zwei Jahren wieder stellen. Auch ein späteres Aufstocken der Stundenanzahl oder gar ein Wechsel zur Vollzeit ist nur möglich, wenn der Arbeitgeber dem zustimmt. Einen Anspruch darauf

haben Sie nicht. Dadurch soll der Arbeitgeber vor zu vielen wechselnden Anträgen geschützt werden und eine gewisse Planungssicherheit erhalten. Allerdings gibt es hier ein juristisches Schlupfloch: Hat Ihr Unternehmen einen Vollzeitarbeitsplatz zu besetzen, müssen teilzeitbeschäftigte Arbeitnehmer, die ihre Arbeitszeit ausweiten möchten, bevorzugt berücksichtigt werden.

Einen Anspruch auf eine bestimmte Verteilung der Arbeitszeit haben Sie nicht. Der Arbeitgeber muss zwar versuchen, die Arbeitszeitwünsche seiner Arbeitnehmer zu erfüllen. Je flexibler Sie hier sind, desto einvernehmlicher können Sie die Lösung mit Ihrem Arbeitgeber gestalten.

Auf einen Blick: Darf ich das? Rechtliche Hürden

- Grundsätzlich gilt die freie Berufswahl, trotzdem sollten Sie mit Ihrem Arbeitgeber potenzielle Konfliktpunkte vorab besprechen.
- Während Urlaub oder Krankheit darf nicht selbstständig gearbeitet werden.
- Im öffentlichen Dienst benötigen Beamte und Angestellte eine Nebentätigkeitserlaubnis.
- Wer staatliche Leistungen bezieht, muss die nebenberufliche Selbstständigkeit der jeweiligen Behörde mitteilen.

Den Alltag meistern

Dass die Nebenbei-Selbstständigkeit mehr als ein Hobby ist, merken Sie spätestens dann, wenn der erste Auftrag bezahlt werden soll. Sie müssen sich plötzlich um korrekte Rechnungen, um die Versteuerung Ihrer Einnahmen kümmern. Möglicherweise müssen größere Investitionen finanziert werden.

In diesem Kapitel erfahren Sie u. a.,

- worauf Sie bei Rechnungen achten sollten,
- was es mit der Einnahmen-Überschuss-Rechnung auf sich hat,
- wann Sie es mit Umsatz- und Gewerbesteuer zu tun bekommen,
- wie Sie bei all dem Ihre begrenzte Arbeitszeit managen können.

Rechtssicher unterwegs im Geschäftsverkehr

Angebote, Geschäftskorrespondenz, Rechnungen – all das zählt zum unternehmerischen Schriftverkehr. Grundsätzlich gilt: Alle Unternehmen, die nicht im Handelsregister eingetragen sind, müssen in ihrer Korrespondenz – gleich ob ausgedruckt oder am PC – mit ihren Vor- und Zunamen und ihrer Anschrift firmieren. Neben dem persönlichen Namen sind Zusätze erlaubt – etwa ein Hinweis auf die Branche, ein Slogan oder der Name des Geschäfts. Wo genau auf dem Dokument die Angaben stehen müssen, ist nicht vorgeschrieben. Hier haben Sie beim Layout freie Hand. Allerdings müssen die Angaben lesbar sein.

> Wenn Sie sich für einen selbst kreierten Firmennamen entscheiden, dann sollte er in jedem Fall treffend, unverwechselbar und leicht zu merken sein. Denn so bleibt man in Erinnerung: bei jeder Präsentation, in der Eigenwerbung, möglicherweise sogar ohne Visitenkarte.

Richtig abrechnen

Rechnungen sollten Sie zeitnah schreiben – zum einen wirkt es professionell, zum anderen vermeiden Sie so Liquiditätsprobleme.

Welche Inhalte eine Rechnung aufweisen muss, ist streng vorgeschrieben. Etwas anderes gilt für ihr Layout. Sie können sich selbst ein Muster mit Firmenlogo bauen, Ihre Rechnungen auf

Geschäftsbriefpapier ausdrucken oder eine Software nutzen, die alle wesentlichen Bestandteile automatisch generiert.

BEISPIEL

Sie müssen eine Rechnung nicht zwingend in tabellarischer Form darstellen. Dies kann sinnvoll sein, wenn Sie verschiedene Produkte abrechnen. Bei einer Rechnung für eine Beratung ist die Textvariante die bessere Lösung.

Entscheidend ist: Eine Rechnung ist ein Firmendokument Ihres Unternehmens, mit dem Sie über eine Lieferung oder Leistung abrechnen. Die Angaben darin sollten vollständig und korrekt sein. Für Rechnungen existieren umfangreiche Formvorschriften. Hintergrund ist, dass die Finanzbehörden ohne größeren Aufwand nachprüfen wollen, ob die Umsatzsteuer korrekt erhoben wurde. Aber auch Kleinunternehmer, die noch keine Umsatzsteuer erheben müssen, sollten sich an die Regelungen halten. Denn eine gut geführte Buchhaltung fängt mit einwandfreien Rechnungen an.

Es gibt viele Punkte, die Sie unbedingt beachten müssen – und andere, die in einer Rechnung stehen sollten, aber nicht von der Finanzverwaltung vorgeschrieben sind. Zudem wird unterschieden, ob es sich um eine sogenannte Kleinbetragsrechnung (seit 01.01.2017: bis 250 Euro) oder eine Rechnung über einen höheren Betrag handelt.

Kleinbetragsrechnungen bis zu 250 Euro

Für Rechnungen über geringe Beträge bis zu 250 Euro gilt weniger Bürokratie. Trotzdem gibt es einige Angaben, die in jedem Fall in den Rechnungsformularen enthalten sein müssen:

- vollständiger Name und Anschrift des leistenden Unternehmers,
- Ausstellungsdatum,
- Menge und Art der gelieferten Gegenstände oder Leistungen,
- Bruttobetrag in einer Summe (Nettobetrag zzgl. Umsatzsteuer),
- anzuwendender Umsatzsteuersatz,
- Hinweis auf Steuerbefreiung bei steuerfreien Umsätzen.

Achtung: Der Grenzbetrag von 250 Euro bezieht sich auf den Bruttobetrag einschließlich möglicher Umsatzsteuer.

Rechnungen über 250 Euro

Bei Rechnungen über 250 Euro sind die Formalien umfangreich. Diese Vorgaben sind im Umsatzsteuergesetz festgelegt. Folgende Informationen müssen in den Rechnungsformularen aufgeführt sein:

- Name und Adresse des leistenden Unternehmers,
- Name und Adresse des Kunden,
- Steuernummer oder die Umsatzsteuer-Identifikationsnummer des leistenden Unternehmens,

- Ausstellungsdatum,
- fortlaufende Rechnungsnummer,
- Menge und Art der Lieferung oder Leistung,
- Zeitpunkt/Zeitraum der Leistung,
- Nettoentgelt,
- Minderung des Entgelts,
- Umsatzsteuersatz und Umsatzsteuerbetrag (so man umsatzsteuerpflichtig ist),
- Hinweis auf Aufbewahrungspflicht bei Privatpersonen.

Mit der fortlaufenden Rechnungsnummer soll vor allem sichergestellt werden, dass die jeweilige Rechnung einmalig ist. »Fortlaufend« bedeutet weder lückenlos noch der Reihe nach. Es bleibt Ihnen überlassen, wie Sie Ihre Rechnungsnummer gestalten.

BEISPIEL

Möglich ist etwa eine Kombination aus Jahreszahl und Rechnungsnummer, beispielsweise »07018« für die siebte Rechnung im Jahr 2018. Sie können auch Zahlen mit Kundennummern oder Kundenabkürzungen verbinden.

Tipps zur Rechnungsstellung

- Nehmen Sie die Kleinunternehmerregelung in Anspruch (siehe dazu ausführlich das Kapitel »Umsatzsteuer: selbst ist der Gründer«), müssen Sie darauf zwar nicht ausdrücklich hinweisen. Es ist aber sinnvoll, dazu einen Passus in die Rechnung aufzunehmen. Kontrolliert Ihr Auftraggeber Ihre Rechnung beim Posteingang, wundert er sich möglicherweise, warum keine Umsatzsteuer in der Rechnung genannt wird – und fragt erst einmal bei Ihnen nach, mit der Folge, dass Sie länger auf Ihr Geld warten müssen. Wenn Sie die Kleinunternehmerregelung anwenden, versehen Sie Ihre Ausgangsrechnungen einfach mit der Standardformulierung: »Umsatzsteuer wird nicht erhoben, da die Kleinunternehmerregelung nach § 19 UStG angewendet wird«. Wenn Sie den Begriff »Kleinunternehmer« vermeiden wollen, reicht folgender Satz: »Gemäß § 19 UStG enthält der Rechnungsbetrag keine Umsatzsteuer«.

- Denken Sie daran, Ihre Bankverbindung in Ihre Rechnungsdokumente aufzunehmen. Achten Sie auch darauf, mögliche neue Kontodaten fett zu drucken und mit einem speziellen Hinweis »Achtung: Neue Bankverbindung!« zu versehen. Ansonsten landet Ihr wohlverdientes Geld auf einem alten und möglicherweise nicht mehr existenten Konto.
- Ratsam ist es auch, ein konkretes Zahlungsziel in die Rechnung aufzunehmen, etwa: »Der Rechnungsbetrag ist zahlbar bis zum 13. September 2017«. Hier sind in der Regel Fristen von zwei bis vier Wochen nach dem Datum der Rechnungsstellung üblich, es sei denn, Ihr Vertrag sieht individuelle Zahlungsziele vor.

Buchhaltung leicht gemacht

Als nebenberuflicher Selbstständiger sind Sie in der Regel Einzelunternehmer – gleich ob Sie ein Gewerbe betreiben oder freiberuflich arbeiten. Das macht Ihre steuerlichen Angelegenheiten etwas leichter. Denn dann genügt die einfache Buchführung in Form der Einnahmen-Überschuss-Rechnung (abgekürzt: EÜR).

Bei der EÜR ermitteln Sie Ihren Gewinn, indem Sie Betriebseinnahmen und Betriebsausgaben gegenüberstellen. Es gilt die einfache Formel:

Betriebseinnahmen	-	Betriebsausgaben	=	Gewinn bzw. Verlust

Freiberufler dürfen immer die Einnahmen-Überschuss-Rechnung wählen, gleichgültig, welchen Umsatz oder Gewinn sie erwirtschaften. Gewerbetreibende dürfen ihren Gewinn per Einnahmen-Überschuss-Rechnung ermitteln, wenn

1. der Jahresumsatz 600.000 Euro nicht übersteigt und
2. der Jahresgewinn sich auf höchstens 60.000 Euro beläuft.

Diese Grenzen werden aber mit einer nebenberuflichen Selbstständigkeit so gut wie nie erreicht.

Bei der Einnahmen-Überschuss-Rechnung sind einfache Aufzeichnungen völlig ausreichend. Trotzdem müssen Sie sich an einige Vorgaben halten:

- Schreiben Sie alle Einnahmen und Ausgaben so auf, dass ein Dritter sie leicht überprüfen kann.
- Die Aufzeichnungen müssen fortlaufend sein und außerdem das Datum und den genauen Verwendungszweck enthalten.
- Die Einnahmen und Ausgaben müssen netto sowie getrennt nach Steuersätzen und steuerfreien Umsätzen aufgestellt werden.
- Für alle betrieblichen Anschaffungen müssen Sie ein Anlageverzeichnis führen.

Die Gewinnermittlung bezieht sich bei der EÜR immer auf das Kalenderjahr. Wann eine Forderung fällig ist, ist für die EÜR nicht wichtig. Entscheidend ist das sogenannte Zufluss-Abfluss-Prinzip.

Die Grundsätze des Zufluss-Abfluss-Prinzips
Einnahmen werden in dem Jahr berücksichtigt, in dem sie tatsächlich auf dem Konto eingegangen sind.
Ausgaben werden in dem Jahr berücksichtigt, in dem sie tatsächlich gezahlt worden sind.
Die einzige Ausnahme vom Zufluss-Abfluss-Prinzip ist die sogenannte Zehn-Tage-Regel. Diese betrifft regelmäßig wiederkehrende Einnahmen oder Ausgaben wie Mieten, Zinsen oder Versicherungsprämien. Hier gilt bei ▪ Zahlungen am Jahresende für das Folgejahr: Einnahmen und Ausgaben, die zwischen dem 22. und dem 31. Dezember gezahlt werden, aber das nachfolgende Jahr betreffen, werden steuerlich erst im Folgejahr angerechnet. ▪ Zahlungen im Januar für das Vorjahr: Einnahmen und Ausgaben, die zwischen dem 1. und dem 10. Januar für das Vorjahr gezahlt werden, werden steuerlich noch im Vorjahr berücksichtigt.

Seit 2017 müssen Sie für Ihre Einnahmen-Überschuss-Rechnung das Formular »Anlage EÜR« der Finanzverwaltung nutzen. Auch für Unternehmer mit nur geringen Umsätzen erlaubt das Finanzamt keine Ausnahme mehr. Die Formulare werden jedes Jahr ein wenig angepasst, bleiben aber in der Grundstruktur gleich.

Mit der »Anlage EÜR« ist es noch nicht getan. Zusätzlich müssen Sie beim Finanzamt ein Anlageverzeichnis über sämtliche Wirtschaftsgüter in Ihrem Unternehmen – also eine Art Inventarliste – einreichen. Und den Gewinn (oder Verlust), den Sie in Ihrer Einnahmen-Überschuss-Rechnung ermitteln, müssen Sie zusätzlich in das Formular »Anlage S« für Einkünfte aus selbstständiger Tätigkeit bzw. »Anlage G« bei gewerblichem Betrieb übertragen. Alle Formulare müssen Sie – inklusive des Mantelbogens der Steuererklärung – elektronisch an das Finanzamt übermitteln. Dies funktioniert entweder über das Elster-Portal (www.elster.de) oder über die gängigen Buchführungsprogramme.

> Wenn Sie als Selbstständiger Bargeld einnehmen, benötigen Sie eine Kasse. Diese baren Geschäftsvorfälle müssen täglich vollständig in ein Kassenbuch eingetragen werden. Der Bestand, der sich aus dem Kassenbuch ergibt, muss mit dem tatsächlichen Bestand an Bargeld übereinstimmen.

In der Einkommensteuererklärung geben Sie sämtliche Einkünfte an – zum Beispiel aus nichtselbstständiger Arbeit, aus Gewerbebetrieb oder aus selbstständiger Tätigkeit. Das Finanzamt berechnet die Steuerschuld auf die Gesamtheit der Einkünfte. Außerdem werden vierteljährliche Steuervorauszahlungen festgesetzt, die im nächsten Steuerbescheid angerechnet werden.

Geld ausgeben, Steuern sparen?

Jeder Selbstständige darf alle Kosten, die mit seinem Unternehmen zusammenhängen, als Betriebsausgaben abziehen. Der Spielraum für Betriebsausgaben ist also recht groß. Ob die Ausgaben notwendig oder üblich oder gar angemessen sind, spielt ebenso wenig eine Rolle wie die Frage, ob die Anschaffung zweckmäßig war. Wichtig ist aber, dass Sie Ihre Kosten belegen können – entweder mit einer Rechnung oder mit einem Eigenbeleg.

Schon bevor Sie sich selbstständig machen, fallen Kosten an, die mit Ihrem künftigen Unternehmen zusammenhängen – zum Beispiel Ausgaben für die Geschäftsausstattung. Bewahren Sie alle Belege aus dieser ersten Phase auf, auch wenn Sie noch keine Einnahmen verzeichnen. Denn die Kosten können Sie in der Steuererklärung geltend machen – und einen möglichen Verlust mit anderen Einkünften verrechnen.

Betriebsausgaben – was dazu zählt

Einer der größten Sammelposten bei den Betriebsausgaben sind die Arbeitsmittel. Dazu zählt im Prinzip alles, was Sie alltäglich für Ihre selbstständige Tätigkeit benötigen, beispielsweise:

- Büromaterial,
- Computer und andere elektronische Geräte,
- Einrichtung und Ausstattung Ihres Arbeitsplatzes.

Bei den Anschaffungskosten müssen Sie darauf achten, ob Sie die finanziellen Grenzen für den Sofortabzug einhalten – oder ob das Arbeitsmittel über die Jahre der Nutzung abgeschrieben werden muss.

- Abschreiben können Sie nur etwas, das sich entweder durch Gebrauch abnutzt, oder mit der Zeit an Wert verliert. Die Anschaffungskosten müssen dann über einen längeren Zeitraum hinweg verteilt werden, die Ausgaben also über mehrere Jahre in der Gewinnermittlung angesetzt werden. Das Bundesministerium für Finanzen hat festgelegt, wie lange gebräuchliche Wirtschaftsgüter durchschnittlich genutzt werden. In den sogenannten AfA-Tabellen können Sie nachlesen, wie lange Sie zum Beispiel ein Auto oder einen Computer steuerlich betrachtet nutzen können. Der Fachterminus AfA bedeutet »Absetzung für Abnutzung«.
- Alle Wirtschaftsgüter, die weniger als 800 Euro netto (bis 2017: 410 Euro) kosten, können Sie direkt im Jahr der Anschaffung in voller Höhe als Betriebsausgabe geltend machen. Man nennt diese Gegenstände im Steuerrecht daher auch »geringwertige Wirtschaftsgüter« (abgekürzt mit: GWG).
- Es gibt zahlreiche Betriebsausgaben, die sofort und unbeschränkt abzugsfähig sind. Dazu zählen beispielsweise Kosten für Porto und Fachliteratur. Wichtig ist bei Fachzeitschriften und Büchern, dass Sie diese tatsächlich für Ihre berufliche Tätigkeit nutzen.

BEISPIEL

Sie haben beschlossen, Ihr Hobby zum Nebenerwerb auszubauen und wollen über ein Online-Portal kreative Holzdekoration für drinnen und draußen verkaufen. Um nicht immer die gleichen Stücke zu sägen und zu bemalen, kaufen Sie sich mehrere Bücher, die sich mit Dekoideen aus Holz und dekorativen Paletten-Projekten für draußen befassen. Die Ausgaben für die Bücher können Sie prinzipiell als Betriebsausgaben absetzen, wenn die betriebliche Nutzung tatsächlich im Vordergrund steht – Sie also beispielsweise nicht hauptsächlich für den eigenen Garten basteln.

Lassen Sie sich bei Fachliteratur und Zeitschriften immer eine Quittung mit dem Titel des Buchs oder des Magazins geben – ansonsten wird es schwierig mit dem Nachweis der betrieblichen Nutzung.

Fortbildungskosten können Sie als Betriebsausgaben ansetzen, wenn die Fortbildung beruflich veranlasst war. Wenn dies nicht auf den ersten Blick ersichtlich ist, sollten Sie dem Finanzamt aufzeigen, wie sich das Erlernte betrieblich nutzen lässt. Bei manchen Veranstaltungen ist eine private Mitveranlassung nicht auszuschließen. Dann müssen Sie die Kosten – falls möglich – aufteilen.

Mitgliedsbeiträge in Verbänden und Kammern zählen zu den Betriebsausgaben. Gleiches gilt für Beiträge an die Berufsgenossenschaft. Auch Prämien für betriebliche Versicherungen – zum Beispiel für die Berufs- oder Vermögensschadenshaftpflicht, für Betriebsunterbrechung oder Forderungsausfall – können Sie steuerlich als Betriebsausgabe geltend machen.

Weitere betriebliche Aufwendungen, die Sie ansetzen können, sind

- Fremdleistungen, zum Beispiel für das Gestalten der Homepage oder einen externen Büroservice,
- Telekommunikation,
- Internet,
- Reisekosten,
- Werbekosten,
- Wareneinkauf.

Einige Betriebsausgaben dürfen Sie von Gesetzes wegen nur beschränkt absetzen. So sind Bewirtungen aus geschäftlichem Anlass grundsätzlich nur zu 70 % abziehbar. Außerdem müssen Sie dabei strenge Aufzeichnungspflichten beachten.

Anfängerfehler, die Sie vermeiden sollten

Wer ein Unternehmen gründet, hat den Kopf voller wichtiger To-dos. So mancher schreckt vor der Buchhaltung zurück und überlässt sie lieber dem Steuerberater. Die Buchführung einem Fachmann zu übergeben, ist grundsätzlich nicht verkehrt. Trotzdem können sich bei der alltäglichen Verwaltung und der vorbereitenden Buchhaltung viele Fehler einschleichen, wenn Sie sich nicht damit auseinandersetzen.

- **Privates und Geschäftliches werden vermischt:** Der Gesetzgeber verlangt, dass Selbstständige ihre privaten und beruflichen Finanzen klar trennen. Wenn die betrieblichen Einnahmen und Ausgaben im Nebenjob steigen, ist es ratsam, ein zweites Konto einzurichten. Separate Geschäfts- und Privatkonten sorgen für Transparenz im eigenen Unternehmen – und für mehr Sicherheit bei einer Betriebsprüfung.
- **Fehlender Liquiditätsplan und zu hohe Privatentnahmen:** Im Nebenerwerb fehlt oft mangels Liquiditätsplanung der Überblick, wie hoch die privaten Ausgaben sind – und ob die Selbstständigkeit alle notwendigen Kosten decken kann. Gewöhnen Sie sich an, regelmäßig sowohl den Umsatz als auch die Betriebsausgaben im Auge zu behalten. Überprüfen Sie, ob Sie für Fixkosten in Vorleistung gehen und welche Kredite Sie abzahlen müssen. Auch die Höhe des regelmäßigen Lebensunterhalts sollte in Kalkulation und Liquiditätsplanung miteinbezogen werden.
- **BWA wird vernachlässigt:** Um nicht »Management by Kontostand« zu betreiben, sollten Sie frühzeitig lernen, Ihre Betriebswirtschaftliche Auswertung (BWA) zu lesen. Hier erhalten Sie einen längerfristigen Überblick über die Unternehmensentwicklung. Lassen Sie sich von Ihrem Steuerberater den Aufbau einer BWA erklären und prüfen Sie regelmäßig die Zahlen. Dies bildet die Grundlage für Liquiditäts-, Investitions- und Personalplanung.

> Eine Software für die Buchhaltung bietet einige Vorteile: Der Jahresabschluss wird dank systematisierbarer Aufgaben schneller erledigt. Das Programm generiert aus dem vorhandenen Datenmaterial zusätzliche Auswertungen und Funktionen, etwa die Betriebswirtschaftliche Auswertung oder Anwendungen für die Geschäftsplanung. Aber Achtung: Selbst ausgefeilte Buchhaltungssoftware nimmt dem Bediener nicht die gedankliche Arbeit ab. Fundiertes Buchführungsfachwissen ist unbedingt notwendig. Wenn Sie sich nicht kompetent genug fühlen, die Buchhaltung selbst zu erledigen, fragen Sie einen Fachmann.

- **Am Ende fehlt Geld fürs Finanzamt:** Die Steuertermine stehen fest und das Finanzamt erwartet pünktliche Zahlung. Trotzdem fehlt vielen Selbstständigen im entscheidenden Moment das Geld, um Steuerschulden zu begleichen. Unternehmer im Nebenjob nehmen gern Brutto für Netto und unterschätzen zudem die regelmäßigen Vorauszahlungen. Sie stecken den Kopf in den Sand und hoffen, dass schon ausreichend Geld auf dem Konto sein wird. Einer mangelhaften Steuerplanung sollten Sie mit einer eisernen Steuerreserve entgegenwirken – und stets einen Puffer für die Steuerzahlung auf der hohen Kante haben. Im Notfall hilft auch das gute Verhältnis zur Hausbank. Eine Erweiterung des Kreditrahmens sollte aber die Ausnahme bleiben.
- **Ablage erst kurz vor knapp:** Viele unterschätzen, wie wichtig eine ordentliche Ablage ist. Das Argument Zeit ist bei der Ablage nur vordergründig einleuchtend. Denn die Suche nach einzelnen Belegen für die Steuererklärung kostet ebenfalls Zeit, sogar viel mehr, vor allem dann, wenn sie tief vergraben in Aktentaschen und Ordnern sind. Sie gewinnen also lang-

fristig wertvolle Stunden und Minuten, wenn Sie Ihre Belege und Ihre Ablage gut organisieren.

- **Und wieder fehlt etwas ...:** Fehlende Dokumente sind Zeitfresser – für Sie, für Ihren Steuerberater und für das Finanzamt. Um ständige Nachfragen zu vermeiden, sollten Sie vorab klären, welche Unterlagen Sie unbedingt aufbewahren müssen. Belege, die für die Buchhaltung relevant sind, müssen zehn Jahre archiviert werden. Damit die Ordner nicht überquellen, sollten Sie sich außerdem bei jedem Papier fragen, ob Sie es wirklich brauchen oder ablegen müssen. In der Ablage gilt das Prinzip: Soviel wie nötig, so wenig wie möglich.
- **Anforderungen an digitale Buchhaltung verkannt:** Das Finanzamt ist streng, die Betriebsprüfer sind noch strenger. Steuerlich relevante Belege müssen über die gesetzliche Aufbewahrungsfrist von zehn Jahren stets unverändert einsehbar sein. Bei elektronischen Daten gilt, dass sie in ihrer originären Form und unveränderbar abgespeichert werden. Denken Sie daran, mögliche Programme zum Lesbarmachen der Daten sicher zu speichern.

Umsatzsteuer: selbst ist der Gründer

Etwas gewöhnungsbedürftig für Sie als Neu-Unternehmer ist die Umsatzsteuer. Prinzipiell ist jeder Unternehmer umsatzsteuerpflichtig. Er muss die Umsatzsteuer für einen festgelegten Zeitraum selbst berechnen und den Betrag pünktlich ans Finanzamt zahlen. Umsatzsteuerpflichtige Existenzgründer müssen in den ersten beiden Jahren monatliche Voranmeldungen abgeben.

> Auch die Vorsteuer ist eine Form der Umsatzsteuer – nämlich die, die Ihnen bei Lieferungen und Einkäufen in Rechnung gestellt wird. Diese Umsatzsteuer dürfen Sie mit Ihrer eigenen Umsatzsteuerlast verrechnen. Dadurch verringert sich Ihre Umsatzsteuerschuld – möglicherweise bekommen Sie sogar Geld vom Finanzamt zurück. Das kann gerade für Existenzgründer mit hohen Anlaufinvestitionen ein echtes Liquiditätsplus sein.

Die Kleinunternehmerregelung

Für Unternehmer mit geringen Umsätzen hat der Fiskus ein Schlupfloch aus der Bürokratie geschaffen: Wenn Sie im Jahr der Existenzgründung nicht mehr als 17.500 Euro Umsatz erzielen, dürfen Sie die sogenannte Kleinunternehmerregelung in Anspruch nehmen (§19 Umsatzsteuergesetz). Die Folge: Sie werden vom Finanzamt wie ein Privatmann behandelt; müssen also auf Ihre Umsätze keine Umsatzsteuer aufschlagen und ans Finanzamt abführen. Sie dürfen dann aber auch keinen Vorsteuerabzug geltend machen. Für die Folgejahre gilt: Der jeweilige Vorjahresumsatz darf nicht höher als 17.500 Euro gewesen sein – und der laufende Jahresumsatz darf nicht mehr als 50.000 Euro betragen.

Ihre Rechnungen können Sie mit dem Hinweis »Gemäß §19 UStG wird keine Umsatzsteuer erhoben« versehen.

Achtung: Sie dürfen Ihren Kunden als Kleinunternehmer – auch nicht versehentlich – Umsatzsteuer in Rechnung stellen! Tun Sie dies trotzdem, liegt ein sogenannter unberechtigter Steuerausweis vor. Als Fallstricke entpuppen sich hier oft Quittungsblöcke, auf denen der Mehrwertsteuersatz vorgedruckt ist.

Eine Umsatzsteuer-Jahreserklärung müssen Sie auch als Kleinunternehmer beim Finanzamt einreichen. So stellt das Finanzamt fest, ob Sie auch im nächsten Jahr die Kleinunternehmerregelung nutzen dürfen.

Verzicht auf die Kleinunternehmerregelung

Der Vorteil der Kleinunternehmerregelung liegt vor allem darin, dass Sie mit der Bürokratie der Umsatzsteuer nichts zu tun haben. Im Zweifelsfall können Sie sich jedoch gegen die Regelung entscheiden, wenn sie Ihnen zum Nachteil werden könnte. Ein Verzicht auf die Kleinunternehmerregelung kann dann sinnvoll sein, wenn größere Investitionen wie ein Firmenwagen, teure Werkzeuge oder eine Lagerausstattung anstehen. In solchen Fällen kann es sich rechnen, auf die Kleinunternehmerregelung zu verzichten und stattdessen vom Vorsteuerabzug zu profitieren.

Um zur normalen Umsatzbesteuerung zu optieren, wie es im Amtsdeutsch heißt, müssen Sie eine Erklärung beim Finanzamt einreichen. Ein formloses Schreiben genügt. Das Finanzamt muss allerdings bei Ihnen nachfragen, ob Sie es wirklich ernst meinen mit dem Verzicht. Wer freiwillig auf die Kleinunternehmerregelung verzichtet, tut dies für mindestens fünf Kalenderjahre. Der Status endet nicht automatisch mit Ablauf dieser fünf Jahre, sondern nur, wenn die Option beim Finanzamt widerrufen wird.

Die Bindungsdauer von fünf Jahren gilt aber nur dann, wenn Sie freiwillig auf die Kleinunternehmerregelung verzichtet haben. Beruht der Wechsel zur Umsatzsteuerpflicht darauf, dass Sie mehr als den vorgegebenen Umsatz erzielt haben, können Sie zur Kleinunternehmerregelung ohne Bindung an eine Frist zurückkehren – und zwar dann, wenn Ihre Umsätze wieder unter die Grenze sinken.

Und dann auch noch Gewerbesteuer?

Die gute Nachricht lautet: Nicht für jeden Selbstständigen gilt die Gewerbesteuerpflicht – und nicht jeder Gewerbetreibende muss am Ende tatsächlich auch Gewerbesteuer zahlen. Es gibt eine einfache Faustformel: Für jedes Gewerbe, das beim Gewerbeamt angemeldet werden muss, greift die Gewerbesteuerpflicht. Die Gewerbesteuer ist abhängig vom Gewinn eines Unternehmens. Gewerbesteuer wird allerdings erst jenseits eines Freibetrags fällig. Dieser liegt zurzeit bei 24.500 Euro pro Jahr. Entscheidend ist: Diese Summe bezieht sich auf den Gewerbeertrag, der nicht gleichbedeutend ist mit dem Ergebnis Ihrer Einnahmen-Überschuss-Rechnung. Um den Gewerbeertrag zu ermitteln, wird der Gewinn aus der EÜR in einem komplizierten Verfahren um Hinzurechnungen (beispielsweise Schulden) erhöht und Kürzungen (etwa betrieblicher Grundbesitz) vermindert.

Die Finanzierung

Wenn Sie Ihre Selbstständigkeit im Nebenerwerb starten, benötigen Sie in der Regel keinen großen finanziellen Gestaltungsspielraum. Bei den Anfangsinvestitionen kann eine Geldspritze jedoch helfen. Um möglichen Kreditbedarf richtig einzuschätzen, sollten Sie von Beginn an präzise kalkulieren:

- Welche Kosten fallen bei der Existenzgründung an?
- Woher kommt das benötigte Geld?
- Wie viel lässt sich kurz- und mittelfristig verdienen?
- Welche laufenden Kosten sind zu zahlen?
- Wie lässt sich sicherstellen, dass jederzeit Geld vorhanden ist?

Viele Förderprogramme sind auf Gründungen im Haupterwerb zugeschnitten. Einzelne Bundesländer bieten jedoch auch Unternehmern im Nebenjob günstige Darlehen. Darüber hinaus hat die Kreditanstalt für Wiederaufbau, kurz: KfW, mit dem ERP-Gründerkredit StartGeld ein Programm im Angebot, das sich auch an Nebenbei-Selbstständige richtet. Die Voraussetzung dafür: Mittelfristig muss eine hauptberufliche Selbstständigkeit angestrebt werden. Für diese Finanzierung benötigen Sie keinen Eigenkapitalanteil und erhalten bis zu 100.000 Euro Kredit, um Ihr Unternehmen einzurichten und zu betreiben. Da die KfW 80 % des Kreditausfallrisikos von Ihrer Bank übernimmt, erhalten Sie den Kredit in der Regel umso leichter.

Manchmal genügt es auch, ein Kontokorrent zu beantragen oder einen Kleinkredit bei der Hausbank. Um solche Gespräche professionell zu führen, sollten Sie sich gut vorbereiten. Ganz wichtig in der Vorbereitung ist der innere Perspektivenwechsel: Welche Kriterien sind für diese Bank, möglicherweise für genau diesen Mitarbeiter entscheidend? Machen Sie sich klar, dass es sich auch in der Kreditverhandlung um ein Geschäft handelt, das für die andere Seite durchaus attraktiv ist. Die eigene Rolle sollte dementsprechend klar und professionell sein, denn derartige Verhandlungen gehören für einen Unternehmer-Profi zum Geschäft dazu.

Checkliste für das Bankgespräch	
Wechseln Sie die Perspektive. Was erwartet der Bankmitarbeiter von Ihnen?	
Bereiten Sie sich auf das Unerwartete vor. Welche Einwände könnten kommen? Was könnte Sie aus dem Tritt bringen?	
Prüfen Sie Ihre Grundhaltung. Wie können Sie sich selbst helfen, überzeugend und selbstbewusst aufzutreten?	
Bleiben Sie professionell. Welche Äußerungen könnten Sie dazu verleiten, in andere Rollen zu wechseln?	
Denken Sie das Scheitern mit. Welche Optionen gibt es für den schlechtesten Fall der Fälle?	

Doppelbelastung ohne Stress: Selbstmanagement

Wer eine Festanstellung, sein Studium oder die Familienzeit mit einer nebenberuflichen Selbstständigkeit kombiniert und dabei noch ein Privatleben haben will, muss viele Bälle in der Luft jonglieren. Dieses Kunststück gelingt nur mit einem guten Selbstmanagement. Schließlich soll der Nebenjob als Unternehmer nicht dazu führen, dass Sie sich komplett verausgaben.

- Sie sollten genau ermitteln, wie viel Arbeitszeit Ihnen tatsächlich für den Nebenerwerb zur Verfügung steht. Dies hilft nicht nur bei der Kalkulation, sondern auch beim Management Ihrer Projekte.
- Wichtig ist es auch, den Überblick zu behalten und genau zu wissen, was wann erledigt werden muss. Ein festes Zeitschema ist sinnvoll, damit auch noch genug Zeit für Ihr Privatleben bleibt.
- Außerdem sollten Sie versuchen, räumlich und zeitlich klar zwischen Beruf und Privatem zu trennen – dies umso mehr, wenn Sie von zuhause aus Ihren Nebenerwerb starten.

Gut strukturiert in den Arbeitsalltag

Nehmen Sie die verfügbare Arbeitszeit und teilen Sie diese gut ein. Blocken Sie regelmäßige Zeitfenster, in denen Sie nur für Ihr Unternehmen arbeiten – beispielsweise jeden Abend eine Stunde oder einen Nachmittag am Wochenende. Verplanen Sie aber nicht Ihre ganze Freizeit. Gehen Sie außerdem davon aus, dass Sie nicht regelmäßig abends und/oder am Wochenende arbeiten können. Das greift auf Dauer Ihre Gesundheit an – Erholung und Zeit ohne Arbeit sind wichtig, um den Kopf wieder freizubekommen und Energie zu tanken.

Versuchen Sie, die Arbeitszeit für Ihre Selbstständigkeit gut zu strukturieren. Setzen Sie sich, wenn möglich, eine feste Anfangszeit, zu der Sie am Schreibtisch sitzen, und machen Sie eine feste Pause. Nutzen Sie, wenn möglich, zum Beispiel die Zeit des Leistungshochs am Vormittag, um konzentriert an Projekten zu arbeiten.

Spontan ist gut, geplant ist besser

Erstellen Sie sich einen Wochenplan und eine Aufgabenliste. Entwickeln Sie daraus dann kleinteilige To-do-Listen für den jeweiligen Arbeitstag, in denen Sie die anstehenden Aufgaben priorisieren. Haken Sie erledigte Aufgaben ab. Kontrollieren Sie nach Ablauf der Woche den Status und Ihre Termine.

Ein schriftlicher Plan hat den Vorteil, dass Sie die Übersicht behalten und die Aufgaben in der Reihenfolge ihrer Priorität abarbeiten können. Außerdem fühlen sich viele an einen schriftlichen Plan eher gebunden als an Aufgaben, die man sich lose vorgenommen hat.

Die Always-on-Falle

Mit Smartphone und anderen elektronischen Geräten können Sie prinzipiell an jedem Ort und zu jeder Zeit arbeiten. Das verleitet dazu, Pausen und vermeintlich tote Zeiten zu nutzen, um Kundenmails zu beantworten oder Angebote zu konzipieren. So aber stehen Sie ständig unter Strom und können überhaupt nicht mehr entspannen. Nutzen Sie bewusst Pausen, um Luft zu holen. Warten Sie an der Bushaltestelle, ohne direkt das Handy zu zücken, und genießen Sie Ihr Mittagessen im Bistro, ohne das Notebook aufzuklappen. Wenn Sie sich konsequent daran halten, lädt sich Ihr Energieakku schnell wieder auf.

Die Neugier ist groß: Gab es schon eine Rückmeldung auf mein Angebot? Wie ist das Projekt beim Kunden angekommen? Aber immer wieder das E-Mail-Postfach zu öffnen und nachzuschauen, was sich dort getan hat, hält Sie vom konzentrierten Arbeiten ab. Richten Sie sich Abrufzeiten für Ihre E-Mails ein. Schalten Sie einfach das automatische Abrufen der Nachrichten aus – und gehen Sie zum Arbeiten offline.

Lassen Sie sich nicht auf stundenlanges E-Mail-Lesen ein. Erledigen Sie stattdessen das Wichtigste, am besten sogar das Unangenehmste, was am jeweiligen Arbeitstag ansteht, zuerst. Danach sollten Sie in Zeitblöcken arbeiten, die Sie jeweils bestimmten Projekten widmen oder in denen Sie Ihre Korrespondenz erledigen.

Das bisschen Haushalt ...

Die Ablenkung ist vielfältig: Eigentlich könnte man noch schnell den Trockner ausräumen oder das Bad putzen. Wenn Sie jedoch erfolgreich selbstständig sein wollen, sollten Sie Ihre nebenberufliche Arbeitszeit ausschließlich für Ihre Projekte nutzen. Trennen Sie sich in puncto Haushalt von perfektionistischen Ansprüchen. Die Arbeit dafür lässt sich gegebenenfalls auch gemeinschaftlich mit Partner und Kindern erledigen.

Schritt für Schritt zum perfekten Arbeitsalltag

- Setzen Sie Prioritäten: Sie können nicht alles gleichzeitig und am selben Tag erledigen. Manche Aufgaben können auch warten.
- Nehmen Sie sich nicht zu viel vor: Planen Sie mit großzügigen Puffern und finden Sie Lösungen für Notfallszenarien. Dazu gehört, gelassen zu bleiben und sich davon zu verabschieden, im Privatleben alles hundertprozentig perfekt gestalten zu wollen.
- Lernen Sie, Nein zu sagen: Auch wenn Sie den Eindruck haben, dass es notwendig ist – nehmen Sie nicht jeden Auftrag an. Verzichten Sie vor allem dann darauf, wenn er nicht rentabel ist. Denn vor allem für den Nebenjob Unternehmer gilt: Ihre Arbeitszeit ist kostbar. Liebhaberprojekte sollten deshalb die Ausnahme sein.

Auf einen Blick: Den Alltag meistern
▪ Vor dem Finanzamt sind alle Selbstständigen gleich: Ihren Gewinn als Einzelunternehmer ermitteln Sie in der Regel per Einnahmen-Überschuss-Rechnung.
▪ Mit betrieblichen Ausgaben können Sie Ihren steuerpflichtigen Gewinn reduzieren – die Kosten müssen aber belegt werden.
▪ Umsatzsteuer müssen Unternehmer erst ab einem Vorjahresumsatz von mehr als 17.500 Euro erheben.
▪ Mit einem Förderkredit oder einem geschäftlichen Kontokorrent sichern Sie finanzielle Unwägbarkeiten ab.

Nebenjob mit Perspektive

Die nebenberufliche Selbstständigkeit ist eine Spielwiese für erfolgversprechende Geschäftsideen. Wer Spaß am Unternehmertum findet, sollte sich beizeiten Gedanken darüber machen, wie die langfristige Perspektive aussehen kann. Ein regelmäßiges Überprüfen des eigenen Status quo hilft dabei.

In diesem Kapitel erfahren Sie u. a.,

- wie Sie mit Finanzplanung Ihre Risiken geringhalten,
- wie Sie aus Fehlern lernen,
- welche Faktoren Ihnen dabei helfen, langfristig erfolgreich zu sein.

Risiken geringhalten: Finanz- und Liquiditätsplanung

Wer finanziell dauerhaft erfolgreich agieren will, muss sich regelmäßig die Mühe machen, geplante Einnahmen und zu erwartende Ausgaben gegenüberzustellen. Dies gilt vor allem dann, wenn Sie Ihren Nebenjob mittel- oder langfristig zu einer tragfähigen, hauptberuflichen Selbstständigkeit ausbauen wollen. Dann müssen Sie den Überblick darüber behalten, wie Sie mögliche finanzielle Durststrecken zwischenfinanzieren. Denn nur selten haben Selbstständige jeden Monat gleichmäßig hohe Einnahmen. Mancher Unternehmer arbeitet im klassischen Saisongeschäft – und verzeichnet damit in einigen Monaten hohe Umsätze, in anderen wiederum gar keine. Andere Selbstständige hingegen haben in ihrer Branche mit langen Zahlungszielen zu kämpfen und müssen in der Zwischenzeit trotzdem ihre regelmäßigen Ausgaben finanzieren. Wie sich dies bei Ihnen darstellt, erfahren Sie über die Liquiditätsplanung.

Behalten Sie Ihre Planwerte im Auge

Sämtliche Planwerte können Sie mit einer Tabellenkalkulation ermitteln. Ob Sie dafür eine Vorlage nutzen oder eine individuelle Planung erstellen, bleibt Ihnen überlassen.

Wichtig ist, dass Sie die Planwerte regelmäßig aktualisieren und vor allem im Blick behalten. Achten Sie dabei auf folgende Punkte:

- Welche fixen Ausgaben haben Sie im definierten Zeitraum?

- Müssen Sie im selben Zeitraum einen Kredit abbezahlen, also Tilgungen und Zinsen leisten?
- Bis wann müssen Sie ausstehende Rechnungen bezahlen?
- Wie hoch wird der Umsatz im definierten Zeitraum voraussichtlich sein?
- Wann werden Ihre Kunden die ausstehenden Rechnungen voraussichtlich bezahlen?
- Wie hoch ist Ihr Kontokorrentkredit?
- Wie hoch sind Ihre Reserven, falls Engpässe überbrückt werden müssen?
- Wie viel Geld müssen Sie regelmäßig für den Lebensunterhalt aus der nebenberuflichen Selbstständigkeit entnehmen?

Planen wie die Profis

Nehmen Sie sich einmal im Jahr Zeit und erstellen Sie eine umfassende betriebswirtschaftliche Planung, bestehend aus

- Umsatzplanung,
- Investitionsplanung,
- Liquiditätsplanung,
- Kapitalbedarfsermittlung.

Die Umsatzplanung

Die Umsatzplanung ist eigentlich eher eine Mindest-Umsatzplanung. Hier finden Sie Antworten auf die Frage, welchen Gewinn Sie erwirtschaften müssen, um Tilgungen und sonstige Verpflichtungen abzudecken. Sie ermitteln einen Soll-Umsatz, den Sie dann – anhand der Markt- und Wettbewerbsbedingungen – auf Machbarkeit prüfen. Als Soll-Umsatz können Sie Ihr Umsatzziel verwenden, das Sie in der Kalkulation ermittelt haben.

Die Investitionsplanung

Bei der Investitionsplanung werfen Sie einen prüfenden Blick auf alle Wirtschaftsgüter, die zur dauerhaften Nutzung im Betrieb bestimmt sind. Welche Betriebsausstattung wird in den nächsten Jahren benötigt oder muss neu angeschafft werden? Hier ist vorausschauendes Denken gefragt. Und natürlich spielen die zu erwartenden Kosten eine Rolle. Eventuell können Sie die Liquidität Ihres Unternehmens schonen, indem Sie sich für Leasing-Varianten entscheiden.

Die Liquiditätsplanung

Eine gute Liquiditätsplanung stellt sicher, dass Sie jederzeit Ihren Zahlungsverpflichtungen nachkommen können. Die jährliche Liquiditätsplanung können Sie anhand Ihrer regelmäßigen Liquiditätsplanung hochrechnen. Sie können sich das Ganze bildlich wie eine Unternehmenskasse vorstellen – mit einem Anfangsbestand, laufenden Ausgaben und Einnahmen und einem Schlussbestand. Sie schätzen also Ihre laufenden Einnahmen, stellen dem die laufenden Kosten für Ihren Betrieb,

Investitionen, Reparaturen, Steuervorauszahlungen sowie Privatentnahmen für Lebensunterhalt und Altersvorsorge gegenüber. Aus diesen Werten ergibt sich auch, wann Sie wie viel Kapital benötigen und wie Sie die Ausgaben finanzieren können.

Liquiditätsplan für das Geschäftsjahr 2018

	Jan.	Feb.	März	April	Mai	Juni	Juli	Aug.	Sept.	Okt.	Nov.	Dez.	Jahr
Tatsächliche Umsatzerlöse													
Planumsatz													
Erhaltene Anzahlungen													
Sonstige Einnahmen													
Einnahmen gesamt													
Privatentnahme													
Materialverbrauch													
Fremdleistungen													
sonstige Aufwendungen													
Fremdkapitalzinsen													
Investitionen gesamt													
Darlehen, Tilgung													
Ausgaben gesamt													
Überschuss (+/-)													
kumuliert (+/-)													
Eigenkapital													
Fremdkapital													
Frei verfügbar													

Liquiditätsplanung

Eine entsprechende Vorlage finden Sie online unter haufe.de/mybook nach Eingabe des Codes TGA-HL12 in der Rubrik »Betriebswirtschaft«.

Die Kapitalbedarfsermittlung

Für die Kapitalbedarfsermittlung ziehen Sie am besten den Finanzplan aus der Betriebswirtschaftlichen Auswertung (BWA) zurate (siehe näher dazu das Kapitel »Buchhaltung leicht gemacht«). Dieser beantwortet Ihnen die Frage, ob Ihr Unternehmen auf solider Grundlage wirtschaftet. Daraus können Sie Ihren Kapitalbedarf ableiten – für die laufenden Kosten und die notwendigen Investitionen. Vergessen Sie nicht, Reserven für Unvorhergesehenes einzuplanen. Und denken Sie bei allen Plänen daran: Wichtig ist es, bei allen Kosten immer Worst-Case-Szenarien durchzuspielen, also die Ausgaben so hoch wie möglich anzusetzen. Bei den Einnahmen sollte man eher zurückhaltend kalkulieren.

Aus Fehlern lernen

Die nebenberufliche Selbstständigkeit eignet sich ganz besonders dafür zu testen, ob Ihre Geschäftsidee über genügend wirtschaftliches Potenzial verfügt. Da Sie noch ein weiteres Standbein haben, reduzieren Sie das Risiko des Scheiterns. Sie können sich mehr Zeit für die Entwicklung Ihrer Ideen lassen und investieren nicht Ihre ganze Zeit in etwas, was sich vielleicht später doch nicht lohnt.

Fehler, die Sie jetzt machen, können Sie dazu nutzen, um zu lernen. Nicht immer handelt es sich dabei um offensichtliche Fehler, etwa eine falsche Lieferung an einen Kunden oder das Verpassen eines wichtigen Termins. Manchmal schleichen sich ineffiziente Verhaltensweisen ein – oder Sie bekommen vermehrt Aufträge aus einem Bereich, der Ihnen eigentlich gar keinen Spaß macht.

Aus diesem Grund ist es sinnvoll, mindestens einmal im Jahr Bilanz zu ziehen – zu Beginn der Selbstständigkeit gegebenenfalls auch nach einem kürzeren Zeitraum, etwa nach einem halben Jahr. Am besten ist es, wenn Sie dabei nach einer Trichtertechnik vorgehen: Fangen Sie mit ganz allgemeinen Fragen an. Das erleichtert Ihnen das Brainstorming mit sich selbst. Als Anregungen hierfür können folgende Fragen dienen.

Trichterfragen Part 1

- Was tue ich gern?
- Was kann ich gut?
- Wo will ich regional arbeiten?
- Wo soll mein Arbeitsplatz sein? (Beispiele: zuhause, außer Haus, in einer Bürogemeinschaft etc.) Will ich ausschließlich inhouse arbeiten oder auch beim Kunden und unterwegs?
- Angestellt oder selbstständig? Oder beides?
- Wie viel will ich arbeiten?
- Was ist mir besonders wichtig?
- Wie viel Arbeitszeit möchte ich in bezahlte Aufträge investieren?

Dieses Gerüst liefert Ihnen einen Einstieg, eine erste Orientierung, wohin Ihre Reise künftig gehen könnte. Aber dies ist nur der erste, ganz allgemeine und grob gefasste Rahmen. Nun müssen Sie konkreter werden. Nehmen Sie sich ganz bewusst Zeit, Bilanz zu ziehen, Stärken und Schwächen aufzudecken sowie Erfolge und Misserfolge Revue passieren zu lassen. Die ersten Leitgedanken für eine solche strategische Reflexion lauten wie folgt.

Trichterfragen Part 2

- Wo komme ich her?
- Wo will ich hin?
- Wie kann ich in Zukunft am Markt bestehen?
- Womit will ich in zehn Jahren mein Geld verdienen?

Nutzen Sie die folgenden Fragen, um nun ganz konkret Stärken und Schwächen aufzudecken, Erfolge und Fehler zu erkennen und Veränderungen für die Zukunft einzuleiten.

Trichterfragen Part 3

Was waren Ihre großen beruflichen Erfolge im zurückliegenden Jahr?
- Worauf führen Sie diese zurück?
- Was folgt daraus für das kommende Jahr?

Was waren Ihre beruflichen Misserfolge im vergangenen Jahr?
- Worauf führen Sie diese zurück?
- Was folgt daraus für das kommende Jahr?

Was haben Sie erneut nicht angefangen bzw. zu Ende gebracht?
- Worauf führen Sie das zurück?
- Was folgt daraus für das kommende Jahr?

Schauen Sie sich Ihre Notizen an und formulieren Sie kraftvolle Ziele für das kommende Jahr.
- Ziel 1:
- Ziel 2:
- Ziel 3:

Behalten Sie Ihre Kernkompetenzen im Blick

Der Zweitjob als Unternehmer wird zur Belastung, wenn das Ganze aus irgendeinem Grund keinen Spaß mehr macht. Oft resultiert das aus einer Kombination mehrerer Faktoren: Für die eigene Arbeit wird zu wenig gezahlt. Man nimmt daher Aufträge an, die vielleicht Geld bringen, aber nicht der eigentlichen Kernkompetenz entsprechen. Dadurch verwischt sich das eigene Alleinstellungsmerkmal und die Positionierung, die man sich mühevoll erarbeitet hat, geht verloren.

Die falschen und die richtigen Strategien

Die individuellen Ansprüche und die Realität scheinen sich in der Selbstständigkeit ab und zu auszuschließen. So mancher Unternehmer gerät in einen Fluss von Routine und Aufträgen, in dem er eigentlich nie schwimmen wollte. Er wird dann aus seiner Sicht einfach mitgerissen und gibt häufig den äußeren Umständen die Schuld – dabei sind es die eigenen Strategien und Denkansätze, die daran wesentlichen Anteil haben. Unter dem Strich entpuppen sich folgende Strategien als besonders ineffektiv:

- Ich muss alles können.
- Ich muss immer verfügbar sein.
- Meine Leistung oder mein Produkt muss besonders wenig kosten, sonst bekomme ich keine Aufträge.

Die richtigen Strategien bzw. Denkweise hingegen sind:

- Ich muss eine Marktnische suchen, damit ich weniger Konkurrenz habe und ich so von Kunden schneller und leichter gefunden werde.
- Ich muss in dieser Marktnische gut sein, dann wird sich meine Spezialisierung auch herumsprechen.
- Ich muss lernen, Nein zu sagen, wenn ein Auftrag außerhalb meiner Kernkompetenz liegt – denn anderenfalls riskiere ich meinen guten Ruf.
- Ich muss so viel kosten, dass ich mir für die Arbeit wirklich die Zeit nehmen kann, die ich benötige, um sie gut zu machen.

Um ein genaues Bild Ihres Unternehmens zeichnen und Schwachstellen aufdecken zu können, müssen Sie ins Detail gehen.

1. Überprüfen Sie die Wirtschaftlichkeit Ihrer nebenberuflichen Selbstständigkeit. Die kaufmännische Seite des Nebenjobs als Unternehmer wird häufig vernachlässigt. Die Folgen: Selten ist eine fundierte Kalkulation vorhanden; der Gewinn könnte durchaus höher sein. Der finanzielle Status quo sollte daher als Grundlage für Wachstum und Erfolg als Erstes durchleuchtet werden.
2. Werfen Sie einen kritischen Blick in Ihr eigenes Portfolio. Die wichtigste Frage dabei lautet: »Machen Sie die Arbeit, weil Sie darin richtig gut sind und sie Ihnen deswegen Spaß macht?«. Oft rührt das unbestimmte Gefühl, auf der Stelle zu

treten, aus einer mangelnden Positionierung, dem Fehlen eines klar umrissenen Alleinstellungsmerkmals. Betrachten Sie Ihre individuellen Kernkompetenzen und vergleichen Sie Ihre Positionierung mit der Konkurrenz und dem Markt.

3. Checken Sie Ihre Kunden auf Herz und Nieren: Auch Auftraggeber können die Ursache dafür sein, dass die nebenberufliche Existenzgründung keinen guten Start nimmt. Wenn Ihre Kunden für viel Arbeit sorgen, dabei aber ausschließlich kleine Budgets zur Verfügung stellen oder nur bereit sind, geringe Preise zu zahlen, müssen Sie sich vielleicht nach anderen umsehen. Die Analyse der eigenen Auftraggeber hilft ein gutes Stück weiter, den Weg zum langfristigen Erfolg zu finden.

Wenn Sie diese Punkte abarbeiten und strategische Ansätze für Lösungen entwerfen, haben Sie bereits die richtige Richtung eingeschlagen. Versuchen Sie, den Blickwinkel auf Ihre Selbstständigkeit zu verändern, eine neue Perspektive einzunehmen.

> Bleiben Sie nicht stehen beim Status quo, sondern entwerfen Sie Strategien, wie sich Ihr Nebenjob als Unternehmer in den nächsten fünf Jahren entwickeln soll.

Faktoren für langfristigen Erfolg: Reflektieren und Justieren

Sie haben in Ihrer nebenberuflichen Existenzgründung die Möglichkeit, zu testen und zu reflektieren, ob Sie ein »Vollblut-Unternehmer« sind. Denn selbstständig zu sein ist nicht jedermanns Sache.

Einmal im Quartal oder zweimal im Jahr sollten Sie sich eine kleine Auszeit gönnen, um darüber nachzudenken, ob die Gesamtsituation für Sie noch stimmig ist. Nutzen Sie dafür Kreativitätstechniken (siehe dazu das Kapitel »Zündende Ideen finden«) oder berichten Sie einem unbeteiligten Dritten, was Sie bewegt. Nehmen Sie sich auch die Zeit, die private Seite zu betrachten. Am Ende solcher Überlegungen stehen möglicherweise Verschiebungen in den Prioritäten, möglicherweise Veränderungen in der Positionierung.

Nehmen Sie Ihre Jahresrückschau zum Anlass, langfristige Konsequenzen aus Frusterlebnissen zu ziehen. Planen Sie strategische Entscheidungen, gleich, ob es um die Akquise bestimmter Kunden geht, darum, Umsatzlücken zu füllen, oder darum, sich von Kunden zu trennen, weil Sie sich umorientieren wollen. Und schreiben Sie sich diese Vorhaben auf, so konkret wie möglich.

BEISPIEL

Jakob Müller, der seit einem Jahr einen Online-Shop für selbstgemachte Lampen betreibt, zieht folgende Schlüsse für sich:

1. Produkt »Aladdin« aus dem Angebotsspektrum streichen und nicht mehr offensiv anbieten: zu teuer in der Herstellung und zu reparaturanfällig.
2. Social Media aktiv nutzen und quartalsweise Wirkungsgrad auf Marketing und Positionierung auswerten.
3. Monatliche produktive Arbeitszeit auf mindestens 30 Stunden erhöhen.

Je konkreter Sie Ihr Ziel benennen, umso leichter fällt es Ihnen, das Erreichte zu kontrollieren. Das allein ist schon ein Erfolgserlebnis. Möglicherweise laufen die Dinge dann nach einem weiteren Jahr in die richtige Richtung. Aber vergessen Sie nicht: Jedes Geschäftsmodell benötigt etwas Zeit – Zeit, um einen Kundenkreis aufzubauen, Zeit, um Gewinne zu erwirtschaften, Zeit, damit sich Alltagsroutine einspielt. Geben Sie sich und Ihrer nebenberuflichen Selbstständigkeit diese Zeit – dann wird Ihr Nebenjob als Unternehmer langfristig zum dauerhaften Erfolgserlebnis.

Auf einen Blick: Nebenjob mit Perspektive

- Umsatz-, Investitions-, Liquiditätsplanung und Kapitalbedarfsermittlung sichern Ihren nachhaltigen betriebswirtschaftlichen Erfolg.
- Mindestens einmal im Jahr anhand eines festgelegten Gerüsts Bilanz zu ziehen, hilft aus unternehmerischen Fehlern zu lernen.
- Eine Rückschau mit Konsequenzen ist nur möglich, wenn konkret benannte Ziele für die Zukunft daraus ermittelt werden.

In sieben Schritten zur erfolgreichen Selbstständigkeit

Sie haben sich entschieden, das Wagnis der nebenberuflichen Selbstständigkeit einzugehen. Damit diese zum Erfolg auf ganzer Linie wird, sollten Sie die richtigen Schritte tun. So wird aus dem Nebenjob möglicherweise ein zukunftsträchtiges Unternehmen.

1. Bestandsaufnahme machen: Bestimmen Sie Ihren Status quo. Nur wenn Sie wissen, wo Sie stehen, haben Sie den Anfang des Weges gefunden, von dem aus Sie sich aufmachen können. Finden Sie heraus, welche Motive Sie leiten, warum Sie sich selbstständig machen wollen – und weshalb aus einer Freizeitbeschäftigung ein gewinnbringendes Unternehmen werden sollte.
2. Kompetenzen und Kunden analysieren: Denken Sie über Ihr Alleinstellungsmerkmal nach. Werfen Sie einen genauen Blick auf mögliche Auftraggeber. Warum kommen sie zu Ihnen, wie viel Geld bringen sie ein, wie viel Arbeit machen sie?
3. Kalkulieren: Jetzt müssen die Zahlen her. Checken Sie Ihre betriebswirtschaftlichen Daten und prüfen Sie, was der Nebenjob für den Lebensunterhalt abwerfen kann. Rechnen Sie immer mit kaufmännischer Vorsicht – gehen Sie also von etwas mehr Ausgaben und etwas weniger Einnahmen aus.

4. Zahlen interpretieren: Um Ihre Unternehmenszahlen zu interpretieren, müssen Sie kein Buchhaltungsexperte werden. Sie sollten aber wissen, was Ihnen Ihre Buchführung sagen kann – und welche Konsequenzen Sie daraus ableiten sollten, zum Beispiel für Ihre Finanz- und Liquiditätsplanung.
5. Wunschkunden finden: Machen Sie einen Akquiseplan, auch wenn Sie das Gefühl haben, dass Sie für einen Nebenjob bereits genug Arbeit auf dem Schreibtisch haben. Suchen Sie nach Kunden, die zu Ihrer Positionierung passen. Und probieren Sie ruhig auch mal Werbestrategien aus, die Sie noch nicht kennen.
6. Work-Life-Balance herstellen: Bringen Sie Ihre Arbeit und Ihr Privatleben miteinander in Einklang. Haupt- und Nebenjob gemeinsam führen häufig zu doppelter Belastung. Organisieren Sie Ihre Arbeit effizient und schaffen Sie sich ein tragfähiges privates Netzwerk. Stellen Sie Notfallpläne auf – und setzen Sie ansonsten auf Gelassenheit.
7. Delegieren lernen: Wenn Sie vieles richtigmachen, haben Sie schneller als Sie denken gut zu tun. Sie sollten sich nun Hilfe holen. Denken Sie darüber nach, ob sich der Nebenjob als Unternehmer zur hauptberuflichen Selbstständigkeit ausbauen lässt. Und überlegen Sie, was Sie an Arbeit auslagern können. Vielleicht lohnt es sich auch, mit anderen Selbstständigen den Weg zum tragfähigen Erfolg einzuschlagen?

Sie haben aus diesem TaschenGuide hoffentlich viel mitnehmen können. Jetzt müssen Sie nur noch eines: einfach anfangen.

Stichwortverzeichnis

Impressum

Bibliografische Information der Deutschen Nationalbibliothek
Die Deutsche Nationalbibliothek verzeichnet diese Publikation in der Deutschen Nationalbibliografie; detaillierte bibliografische Daten sind im Internet über http://www.dnb.dnb.de abrufbar.

Print: ISBN: 978-3-648-09621-5 Bestell-Nr.: 10218-0001
ePub: ISBN: 978-3-648-09622-2 Bestell-Nr.: 10218-0100
ePDF: ISBN: 978-3-648-09623-9 Bestell-Nr.: 10218-0150

Constanze Elter
Selbstständig nach Feierabend – Unternehmer werden, ohne zu kündigen
1. Auflage 2017

Redaktionsanschrift: Fraunhoferstraße 5, 82152 Planegg/München
Internet: www.haufe.de
E-Mail: online@haufe.de
Redaktion: Jürgen Fischer

Konzeption, Realisation und Lektorat: Nicole Jähnichen, www.textundwerk.de
Umschlagentwurf: RED GmbH, Krailling
Umschlaggestaltung: Kienle gestaltet, Stuttgart
Satz: Reemers Publishing Services GmbH, Krefeld
Druck: Beltz Bad Langensalza GmbH, Bad Langensalza

Die Autorin

Constanze Elter

ist seit vielen Jahren erfolgreich selbstständig. Sie arbeitet als Steuerjournalistin, Autorin und Moderatorin. Sie ist Expertin darin, Steuern und Recht in Worte zu fassen: in Hörfunk, Video und Print. Im Internet und in Büchern, für Fach- und Schulbuchverlage und öffentliche Auftraggeber sowie für Steuerkanzleien und Unternehmen. Für ihre Arbeit wurde sie mit dem Journalistenpreis des Bundes der Steuerzahler ausgezeichnet.

Weitere Literatur

»Lernen aus Fehlern«, von Elke Schüttelkopf, 128 Seiten, EUR 7,95, ISBN 978-3-648-06704-8, Bestell-Nr. 01362

»Überzeugungskraft – Wie Sie Menschen begeistern und bewegen«, von Peter Gerst, 128 Seiten, EUR 7,95, ISBN 978-3-648-09409-9, Bestell-Nr.: 10729

»Selbstmarketing«, von Birgit Ebbert, 256 Seiten, EUR 9,95, ISBN 978-3-648-09245-3, Bestell-Nr.: 01360